JN100759

本書の特長と使い方

『解きながら楽しむ　大人の数学　2次関数と微分・積分編』は、
1日2ページ（1見開き）で、基本問題を中心に、パターンごとに解いていきます。
短時間でも、実際に手を動かして学習することで、
解いた実感と達成感を得られる、大人のための問題集です。

問題を解くうえで
必要なポイントを、
冒頭に簡潔に
まとめています。

忘れてしまっても
大丈夫！関連ページ
を示しているので、
覚え直すことが
できます。

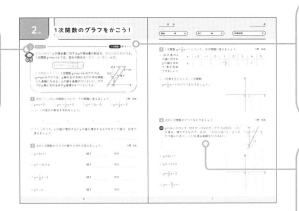

初めての問題でも、
【例】を見ながら
なので、
解きやすいです。

確認問題で、
これまでの学習を
振り返ります。

関連ページで
確認し直すことが
できます。

数学に関わる
小話です。
「へぇー」と思える
身近な数学に
触れられます。

その日の学習が終わったら、巻末の「できたら☑チェックシート」の□に、
☑を入れたり、ぬりつぶしたりして活用しましょう。
すべての□にチェックできるよう、学習を続けましょう！

目次

1次関数と2次関数

関数ってそもそも何？

分速70mで歩く人が、10分間歩いたら700m、15分間歩いたら1050m進むことになります。この場合、x分間にym進むとすれば、$y=70x$という関係が成り立ちます。

1辺の長さが$x$cm正方形の面積を$y$cm^{2}とすれば、$y=x^2$という関係があります。

面積が10cm^{2}の三角形の底辺の長さを$x$cm、高さを$y$cmとすれば、$\frac{1}{2}xy=10$が成り立つので、$y=\frac{20}{x}$となります。これらの例のように、xの値を1つ決めると、それに対してyの値がただ1つ決まるときに、「yはxの関数である」といいます。

50℃のお湯が入ったコップを室内に置いたときのx分後のお湯の温度をy℃とします。この場合のyも、xの関数だといえますが、yをxの具体的な式で表すことは、室温などの条件がわかったとしても、容易ではありません。

ボールを真上に投げ上げたときの地面からの高さをxm、投げ上げてからの時間をy秒とします。このとき、ボールは、最高点に達した後に落ちてくるので、行きと帰りで同じ高さになることがあります。つまり、この場合は、xの値を1つ決めると、それに対してyの値がただ1つ決まるということにはならないので、「yはxの関数である」とはいえません。

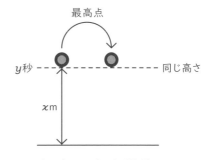

この本で取り扱う関数は、yがxの比較的簡単な式で表されるものが多いので、安心して解き進めていただきたいです。

1次関数って何？

💡 ポイント

単項式とその次数：$2xy$ のように、数や文字を掛け合わせた式を単項式といい、そのとき掛けられた文字の個数を次数というよ。

多項式とその次数：$3x^2+4x-1$ のように、単項式をいくつか加えた形の式を多項式といい、加えられた単項式の次数のうち最大のものをその多項式の次数というんだ。

> 次数が1の式を1次式、次数が2の式を2次式というから、
> $2xy$ は次数が2で2次式、
> $3\underset{x\times x}{x^2}+4x-1$ は次数が2で2次式だよ。

1次関数：y が x の1次式で表される関数を1次関数というよ。y が x の1次関数のとき、定数 a、b を用いて、$y=ax+b$ というように表されるんだ。ただし、$a=0$ では1次式といえないから、$a\neq0$ だよ。

---

1 次の式は何次式か答えましょう。　　　　　　　　　　　　1問　5点

(1) $3x^2$ 　　　　　　　　　　　　　(2) x^3-2x-3

(3) $-2abc$ 　　　　　　　　　　　　(4) $\dfrac{1}{2}x+3$

2 次の式は、[　]内の文字に着目したとき、何次式か答えましょう。　　1問　5点

例 2つ以上の文字を含むとき、例えば、$3ab^2=3\times a\times b\times b$ なので、$3ab^2$ は3次式だが、a の式としては1次式である。

(1) $2x^2-3xy-4y^5$ 　　　　　　　[x]　　　　　　　[y]

(2) ab^3c^5 　　　　　　　　　　　[a]　　　　　　　[c]

3 次のア～カの式のうち、y が x の1次関数であるものをすべて選び、記号で答えましょう。　　　　　　　　　　　　10点

ア $y=-x+1$ 　　　　イ $y=x^2$ 　　　　ウ $xy=1$

エ $x+y=-5$ 　　　　オ $y=-\dfrac{1}{2}x$ 　　　カ $y=\dfrac{3}{x}$

4 次のとき、y を x の式で表しましょう。　　　　　　　　　　1問　10点

(1) 半径が x cm の円の円周の長さが y cm である。ただし、円周率は π とする。

$$y=$$

(2) 1個80円のお菓子を x 個買って20円の箱に入れてもらったときの代金の合計を y 円とする。ただし、消費税は考えないものとする。

$$y=$$

5 1次関数 $y=2x+4$ について、x が次の値のときの y の値を求めましょう。

　　　　　　　　　　　　　　　　　　　　　　　　　　　　　　1問　5点

例 $x=-2$ のとき、$y=2\times(-2)+4=-4+4=0$ ← x に -2 を代入

(1) $x=2$ のとき　　　　　$y=$　　　　　　(2) $x=-3$ のとき　　　　$y=$

(3) $x=0$ のとき　　　　　$y=$　　　　　　(4) $x=5$ のとき　　　　　$y=$

6 次の1次関数の式の x の値に対する y の値を求めて、下の表を完成させましょう。

　　　　　　　　　　　　　　　　　　　　　　　　　　　　　　1問　10点

(1) $y=3x-2$

x	-2	-1	0	1	2	3	4	5	6
y				1				13	

(2) $y=-\dfrac{1}{2}x+1$

x	-4	-2	0	2	4	6
y						

2日目 1次関数のグラフをかこう！

1次関数 ↪ 4 ページ

💡 **ポイント**

変化の割合：xの増加量に対するyの増加量の割合を、変化の割合というよ。
1次関数 $y=ax+b$ では、変化の割合は一定で、aに等しいんだ。

$$変化の割合=\frac{y の増加量}{x の増加量}=a$$

1次関数のグラフ：1次関数 $y=ax+b$ のグラフは、
$y=ax$ のグラフを、y軸の正の方向にbだけ平行移動
した直線になるよ。aの値を直線の傾きといい、グラ
フがy軸と交わる点のy座標bを切片というよ。

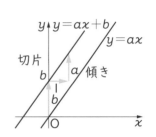

---

1 次のア〜エの1次関数について、下の問題に答えましょう。　　　1問 10点

ア $y=x+2$　　　イ $y=-\dfrac{1}{2}x+5$　　　ウ $y=-3x-5$　　　エ $y=\dfrac{1}{3}x-3$

(1) ア〜エの変化の割合を求めましょう。

ア　　　　　　　イ　　　　　　　ウ　　　　　　　エ

(2) ア〜エのうち、xの値が増加するとyの値も増加するものをすべて選び、記号で
答えましょう。

---

2 次の1次関数のグラフの傾きと切片を答えましょう。　　　1問 5点

(1) $y=2x+1$　　　　　　　　　傾き　　　　　　切片

(2) $y=-3x+4$　　　　　　　　傾き　　　　　　切片

(3) $y=\dfrac{1}{4}x-2$　　　　　　　傾き　　　　　　切片

(4) $y=-x$　　　　　　　　　　傾き　　　　　　切片

3 １次関数 $y=\dfrac{1}{2}x-1$ について、次の問題に答えましょう。　　　　1問　10点

(1) 右の表の x の値に対する y の値を求めて、表を完成させましょう。

x	−2	−1	0	1	2	3	4	5
y				$-\dfrac{1}{2}$			1	

(2) (1)の表をもとにして、１次関数 $y=\dfrac{1}{2}x-1$ のグラフをかきましょう。

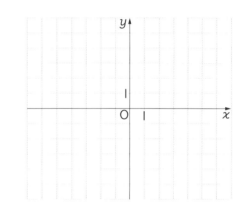

4 次の１次関数のグラフをかきましょう。　　　　1問　10点

例　$y=2x-3$ のとき、切片が −3 なので、グラフは点(0、−3)を通る。傾きが２なので、点(0、−3)から右へ１、上へ２だけ進んだ点(1、−1)を通る直線をかけばよい。

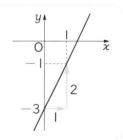

(1) $y=2x-1$

(2) $y=-x+3$

(3) $y=\dfrac{1}{2}x-2$

(4) $y=-\dfrac{2}{3}x+1$

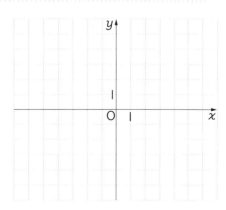

定義域、値域って何？

ポイント

関数$f(x)$：一般的にyがxの関数であるということを、$y=f(x)$と表すよ。
変域、定義域、値域：変数のとりうる値の範囲を変域というよ。関数$f(x)$について、xの変域を定義域、yの変域を値域というんだ。
定義域は問題で具体的な形で与えられることもあるし、問題の条件から自動的に決まることもあるよ。
例えば、周の長さが20cmの長方形の縦の長さを$x$cm、横の長さを$y$cmとすると、$2x+2y=20$から、$y=10-x$という関係になるけど、xはもちろん正の数でないといけないし、yも正の数だから、$0<x<10$が定義域になるんだよ。

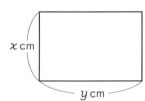

1 $f(x)=3x-1$とするとき、次の式の値を求めましょう。　　1問　5点

例 $f(3)=3×3-1=8$　← $f(3)$は$f(x)$のxに3を代入したときの値

(1)$f(-1)$　　　　　　　　　　　　(2)$f(0)$

(3)$f\left(\dfrac{2}{3}\right)$　　　　　　　　　　(4)$f(a-1)$

2 右の図のような、上底の長さが下底の長さよりも短い台形があります。上底の長さを$x$cm、下底の長さを6cm、高さを4cm、面積を$y$cm^{2}とするとき、次の問題に答えましょう。
1問　10点

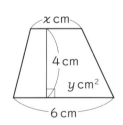

(1)yをxの式で表しましょう。

(2)定義域をxについての不等式で表しましょう。

(3)値域をyについての不等式で表しましょう。

3 次のそれぞれの１次関数について、定義域が与えられたときの値域を求めましょう。

1問　5点

例 $y=2x-1$ について、定義域が $x\geqq2$ のときの値域は、$y=2\times2-1=3$ で、x の値が大きくなると y の値も大きくなるから、$y\geqq3$ である。

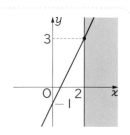

(1) $y=3x+1$
　① $x\leqq5$　　　　　　　　　　② $-1<x<3$

(2) $y=-x+4$
　① $x\geqq2$　　　　　　　　　　② $0\leqq x\leqq2$

4 １次関数 $y=4x-5$ について、値域が与えられたときの定義域を求めましょう。

1問　5点

(1) $y\geqq-1$　　　　　　　　　(2) $-3\leqq y\leqq3$

5 １次関数 $y=4x+a$ について、定義域が $b\leqq x\leqq2$ のときの値域が $1\leqq y\leqq5$ となるとき、次の問題に答えましょう。

1問　10点

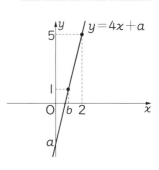

(1) 定数 a の値を求めましょう。

$$a=$$

(2) 定数 b の値を求めましょう。

$$b=$$

1次関数の最大値・最小値を求めよう！

定義域、値域 ↩ 8 ページ

ポイント

 最大値・最小値：値域の中で最も大きい y の値があればそれが最大値、最も小さい値があればそれが最小値だよ。1次関数では、定義域がすべての数のときは、最大値も最小値も存在しないよ。

定義域が $a \leqq x \leqq b$ の場合、傾きが正でグラフが右上がりの直線となるときは、$x=a$ のときに最小値、$x=b$ のときに最大値になるよ。

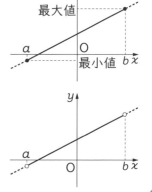

定義域が $a < x < b$ の場合、$x=a$ や $x=b$ は含まないから、最大値も最小値もない、ということになるんだ。

---

1 次の1次関数について、（ ）の中の定義域における最大値と最小値を求めましょう。また、最大値や最小値となるときの x の値を求めましょう。　　**1問　10点**

(1) $y=3x-2$ $(1 \leqq x \leqq 2)$

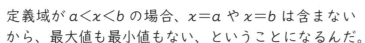

$x=$ 　　　のとき、最大値

$x=$ 　　　のとき、最小値

(2) $y=-2x-4$ $(-3 \leqq x \leqq 1)$

$x=$ 　　　のとき、最大値

$x=$ 　　　のとき、最小値

(3) $y=-\dfrac{1}{3}x+1$ $(-1 \leqq x \leqq 3)$

$x=$ 　　　のとき、最大値

$x=$ 　　　のとき、最小値

2 次のア〜カの１次関数について、定義域を $x \geqq 0$ としたときに、最大値が存在するものと最小値が存在するものをそれぞれすべて選び、記号で答えましょう。

1問　5点

ア $y = 2x$　　　　　　イ $y = 3x - 1$　　　　ウ $y = -\dfrac{1}{2}x$

エ $y = -3x + 5$　　　オ $y = \dfrac{1}{5}x - 5$　　カ $y = x + 5$

⑴ 最大値　　　　　　　　　　　　　⑵ 最小値

3 次の１次関数について、（　）の中の定義域における最大値と最小値を求めましょう。ただし、最大値や最小値が存在しない場合は「ない」と答えましょう。

1問　10点

⑴ $y = -x + 2$ $(x \leqq 5)$

最大値　　　　　　　最小値

⑵ $y = \dfrac{1}{4}x - 5$ $(-4 < x \leqq 8)$

最大値　　　　　　　最小値

4 １次関数 $y = ax + 3$（a は定数）において、定義域が $-1 \leqq x \leqq 2$ のときの最大値が7であるとき、次の問題に答えましょう。

1問　10点

⑴ ① $a > 0$ のとき、a の値を求めましょう。

$a =$

② ①のとき、最小値を求めましょう。

⑵ ① $a < 0$ のとき、a の値を求めましょう。

$a =$

② ①のとき、最小値を求めましょう。

5日目 確認問題①

1 次の式は何次式か答えましょう。　　　　　　　　　　　　　　1問　6点

⤶ 4 ページ 1

(1) $-2x^3+5x^2+3$　　　　　　　　(2) xy^2+5x+y^2-3

2 家から200m離れたところにある公園を出発して、分速80mで家の方向とは反対の方向にx分間歩いたときの家からの道のりをymとします。このとき、yをxの式で表しましょう。　　　　　　　　　　　　　　　　　　　7点

⤶ 5 ページ 4

$$y=\underline{\hspace{5cm}}$$

3 次の1次関数のグラフをかきましょう。　　　　　　　　　　　1問　10点

⤶ 7 ページ 4

(1) $y=-2x+4$

(2) $y=\dfrac{1}{4}x+1$

(3) $y=-x-2$

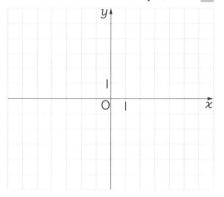

4 長さが12cmのろうそくがあり、このろうそくに火をつけると、1分間に0.5cmずつ短くなります。このろうそくに火をつけてからx分後のろうそくの長さを$y$cmとするとき、次の問題に答えましょう。　　　　　1問　7点

⤶ 8 ページ 2

(1) yをxの式で表しましょう。

(2) 定義域をxについての不等式で表しましょう。

(3) 値域をyについての不等式で表しましょう。

5 次の1次関数について、（　）の中の定義域における最大値と最小値を求めましょう。ただし、最大値や最小値が存在しない場合は「ない」と答えましょう。

1問　10点

↩ 11 ページ **3**

(1) $y = -2x + 1$ （$1 < x \leq 3$）

最大値　　　　　　　　　最小値

(2) $y = 5x - 8$ （$x \leq 3$）

最大値　　　　　　　　　最小値

6 1次関数 $y = -3x + a$ において、定義域が $-2 \leq x \leq b$ のときの最大値が3、最小値が0であるとき、定数 a、b の値を求めましょう。

10点

↩ 11 ページ **4**

$a =$ 　　　　　　　　　$b =$

〈数学の小話〉

Z世代って何？

最近、よく話題として取り上げられることが多い「Z世代」ですが、どの世代の人々を指すのでしょうか。Z世代の語源・由来はアメリカからで、1990年代半ばから2010年代生まれの世代を指すことが多いようです。「Z世代」は、インターネットでの情報収集が得意、社会問題への関心が高い、ブランド物に対する関心が薄い、などの特徴があります。「Z世代」より前の世代は、順に「Y世代」、「X世代」とよばれ、「Y世代」は1980年代前半から1990年代半ば生まれ、「X世代」は1960年代半ばから1980年生まれの世代を指すようです。「Z世代」の次の世代は何というのでしょうか。アルファベットZの次の文字はないですが、ギリシア文字に由来する「α（アルファ）世代」というそうで、2010年代以降に生まれた世代を指します。このように、数学でも使われる記号を合理的に利用した良い例といえますね。

6日目 2次関数って何？

ポイント

2次関数：y が x の2次式で表される関数が2次関数だよ。y が x の2次関数のとき、3つの定数 a、b、c を用いて $y=ax^2+bx+c$ と表されるんだ。ただし、$a=0$ だと2次式にならないから、$a \neq 0$ だよ。

2次関数のグラフ：2次関数のグラフは放物線とよばれる曲線になるよ。ボールを投げたときに、そのボールが描く曲線なんだ。放物線は線対称な曲線で、その対称の軸を放物線の軸、軸と放物線との交点を放物線の頂点というんだ。

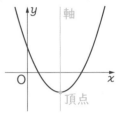

1 次のア〜カの式のうち、y が x の2次関数であるものをすべて選び、記号で答えましょう。　　　　　10点

ア $y=2x-3$ 　　　イ $y=-3x^2$ 　　　ウ $2x^2+y+3=0$

エ $y=\dfrac{1}{x^2}$ 　　　オ $x^2+y^2=1$ 　　　カ $y=x^2+3x+5$

2 次のとき、y を x の式で表しましょう。　　　　　1問　10点

(1) 1辺の長さが x cm の正方形の面積は y cm^2 である。

$$y=\underline{\hspace{4cm}}$$

(2) 半径が x cm の円が3つあるとき、それらの円の面積の和は y cm^2 である。ただし、円周率は π とする。

$$y=\underline{\hspace{4cm}}$$

(3) 縦の長さが x cm で横の長さが $(2x+3)$ cm の長方形の面積は y cm^2 である。

$$y=\underline{\hspace{4cm}}$$

3 次の２次関数の式のxの値に対するyの値を求めて、下の表を完成させましょう。

1問　10点

(1) $y=x^2$

x	-2	-1	0	1	2	3
y						

(2) $y=-2x^2+3$

x	-2	-1	0	1	2	3
y						

(3) $y=(x+1)(x-2)$

x	-2	-1	0	1	2	3
y						

4 次のようなグラフをもつ２次関数について、軸と頂点の座標を求めましょう。

1問　10点

例 右の図の放物線は線対称で、x軸と$(1、0)$、$(3、0)$で交わっているから、対称の軸はそれらの中点の点$(2、0)$を通る。軸の上にある点のx座標はつねに２なので、軸は直線$x=2$である。
頂点は軸の上の点でy座標が-1なので、$(2、-1)$である。

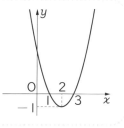

(1)

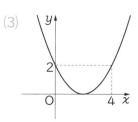

軸：$x=$ _____

頂点：（　　　、　　　）

(2)

軸：$x=$ _____

頂点：（　　　、　　　）

(3)

軸：$x=$ _____

頂点：（　　　、　　　）

15

2次関数のグラフをかこう！

💡 **ポイント** ─────────────────────────── 放物線 ↪ 14 ページ

$y=ax^2$ のグラフ：2次関数 $y=ax^2$ のグラフは、頂点が原点、軸が y 軸（直線 $x=0$）の放物線になるんだ。
$a>0$ のときはグラフは上側に開いているから、下に凸といい、$a<0$ のときは下側に開いているから、上に凸というよ。
また、a の絶対値が大きくなるほど開き方が狭くなることを、いくつかのグラフをかいて確認しておこう。

---

1 次のア～カの2次関数のグラフについて、下の問題に答えましょう。　　1問　10点

ア $y=3x^2$　　　　イ $y=-\dfrac{1}{2}x^2$　　　　ウ $y=\dfrac{1}{4}x^2$

エ $y=-3x^2$　　　　オ $y=-5x^2$　　　　カ $y=\dfrac{2}{3}x^2$

(1) 上に凸であるものをすべて選び、記号で答えましょう。

(2) グラフの開き方が最も大きいものを1つ選び、記号で答えましょう。

(3) x 軸に関して対称なグラフになるものの組を選び、記号で答えましょう。

2 2次関数 $y=\dfrac{1}{2}x^2$ について、次の問題に答えましょう。　　1問　10点

(1) 次の表の x の値に対する y の値を求めて、表を完成させましょう。

x	-4	-3	-2	-1	0	1	2	3	4
y						$\dfrac{1}{2}$			

(2) (1)の表をもとにして、2次関数 $y=\dfrac{1}{2}x^2$ のグラフを完成

させましょう。

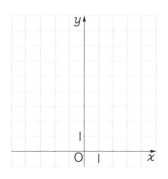

3 次の2次関数のグラフをかきましょう。　　　　　　　　　1問　10点

(1) $y=2x^2$ 　　　　　　(2) $y=-\dfrac{1}{2}x^2$ 　　　　　　(3) $y=\dfrac{3}{4}x^2$

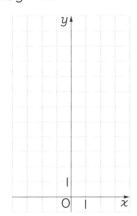　　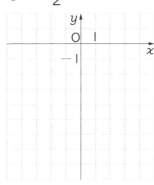　　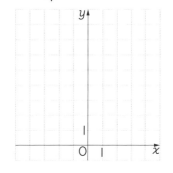

4 次の2次関数について、変化の割合を求めましょう。　　　1問　10点

例 $y=2x^2$ について、$x=-1$ から $x=2$ までの変化の割合は、
$x=-1$ のとき $y=2$、$x=2$ のときは $y=8$ なので、

$$\dfrac{8-2}{2-(-1)}=\dfrac{6}{3}=2$$

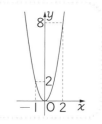

(1) $y=2x^2$ について、$x=1$ から $x=4$ までの変化の割合

(2) $y=-3x^2$ について、$x=-2$ から $x=4$ までの変化の割合

グラフを平行移動しよう！①

ポイント

y軸方向の平行移動：$y=2x^2$ のグラフ上の点のy座標を1だけ大きくすると、$y=2x^2+1$ のグラフになるよ。

一般に、$y=ax^2$ のグラフを、y軸方向にqだけ平行移動すると、$y=ax^2+q$ のグラフになるんだ。

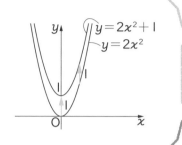

1 2次関数 $y=\dfrac{1}{3}x^2-3$ について、次の問題に答えましょう。　　　　1問　8点

(1) 次の表を完成させましょう。

(2) $y=\dfrac{1}{3}x^2-3$ のグラフをかきましょう。

x	-3	-2	-1	0	1	2	3
$\dfrac{1}{3}x^2$			$\dfrac{1}{3}$				3
$\dfrac{1}{3}x^2-3$							

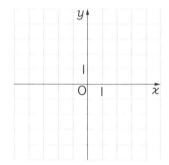

(3) (2)のグラフより、$y=\dfrac{1}{3}x^2-3$ のグラフは、$y=\dfrac{1}{3}x^2$ のグラフをy軸方向に ☐ だけ平行移動したものです。☐ にあてはまる数を答えましょう。

2 2次関数 $y=-\dfrac{1}{2}x^2+3$ について、次の問題に答えましょう。　　　　1問　8点

(1) $y=-\dfrac{1}{2}x^2+3$ のグラフをかきましょう。

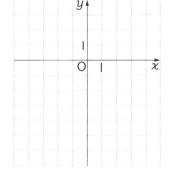

(2) $y=-\dfrac{1}{2}x^2+3$ のグラフの軸と頂点の座標を求めましょう。

軸：$x=$

頂点：（　　　、　　　）

ポイント

x 軸方向の平行移動：右のグラフのように、$y=(x-2)^2$ のグラフは、$y=x^2$ のグラフを x 軸方向に 2 だけ平行移動したものになるんだ。
一般に、$y=ax^2$ のグラフを、x 軸方向に p だけ平行移動すると、$y=a(x-p)^2$ のグラフになるよ。

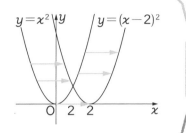

3 2次関数 $y=\dfrac{1}{2}(x-1)^2$ について、次の問題に答えましょう。　　　1問　10点

(1) 次の表を完成させましょう。

(2) $y=\dfrac{1}{2}(x-1)^2$ のグラフをかきましょう。

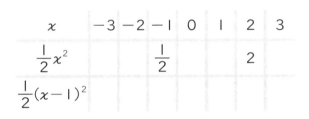

x	-3	-2	-1	0	1	2	3
$\dfrac{1}{2}x^2$				$\dfrac{1}{2}$		2	
$\dfrac{1}{2}(x-1)^2$							

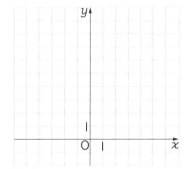

4 2次関数 $y=-3(x-2)^2\cdots$① について、次の問題に答えましょう。　　　1問　10点

(1) ①のグラフをかきましょう。

(2) ①のグラフの軸と頂点の座標を求めましょう。

軸：$x=$

頂点：（　　　　、　　　　）

5 2次関数 $y=2x^2$ のグラフを次のように平行移動したグラフを表す2次関数の式を求めましょう。　　　1問　10点

(1) x 軸方向に -3 だけ平行移動する。　　　　　　　　$y=$

(2) y 軸方向に -1 だけ平行移動する。　　　　　　　　$y=$

9日目 グラフを平行移動しよう！②

ポイント

グラフの平行移動：8日目では、x軸方向とy軸方向の平行移動をやったね。今回は、両方の平行移動をするよ。$y=ax^2$ のグラフを、x軸方向にp、y軸方向にqだけ平行移動すると、$y=a(x-p)^2+q$ のグラフになるんだ。
平方完成：$y=ax^2+bx+c$ の形の式を、
$y=a(x-p)^2+q$ の形の式に変形すると、そのグラフの軸と頂点がわかり、グラフをかくことができるよ。
このように変形することを平方完成というんだ。

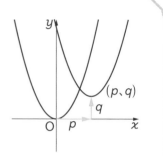

1 次の問題に答えましょう。　　　　　　　　　　　　　　1問　10点

(1) 次の①、②の2次関数のグラフをかきましょう。

① $y=2(x-1)^2+1$　　　　　　　　② $y=-(x+2)^2+3$

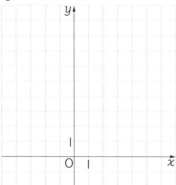　　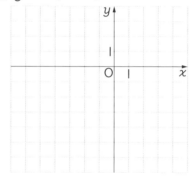

(2) (1)の①、②の2次関数のグラフの軸と頂点の座標を求めましょう。

① 軸：$x=$　　　　　　　　　　　② 軸：$x=$

　頂点：(　　　、　　　)　　　　　　頂点：(　　　、　　　)

2 2次関数 $y=(x+2)^2-1$ のグラフを、2次関数 $y=(x-1)^2+1$ のグラフに重ねるためには、x軸とy軸の方向に、それぞれどれだけ平行移動すればよいか求めましょう。
　　　　　　　　　　　　　　　　　　　　　　　　　　　　　　　　10点

　　　　　x軸方向に　　　　　　　　　　、y軸方向に

3 次の式を平方完成しましょう。　　　　　　　　　　　　1問　10点

例 $y=2x^2-4x+1$
　　$=2(x^2-2x)+1$　　　　　　　← x^2の係数でxの項までをくくる
　　$=2\{(x^2-2x+1)-1\}+1$　　← $(x-1)^2$の展開式を考えて定数項を調整する
　　$=2\{(x-1)^2-1\}+1$
　　$=2(x-1)^2-2+1$　　　　　　← ｛　｝を分配法則ではずす
　　$=2(x-1)^2-1$

(1) $y=3x^2-12x+5$　　　　　　　　　　　(2) $y=-x^2+2x+3$

4 2次関数 $y=x^2-6x+5$ …① について、次の問題
　に答えましょう。　　　　　　　　　1問　10点

(1) ①のグラフをかきましょう。

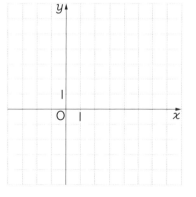

(2) ①のグラフの軸と頂点の座標を求めましょう。
　軸：$x=$

　頂点：（　　　、　　　）

5 2次関数 $y=3x^2-6x+1$ のグラフを、x軸方向に -2、y軸方向に３だけ平行移
　動したグラフをもつ2次関数の式を求めましょう。　　　　　　　　　10点

10日目 2次関数の最大値・最小値を求めよう！①

最大値・最小値 ↪ 10 ページ

💡 ポイント

2次関数の最大値と最小値：関数の最大値・最小値は、そのグラフにおいて、y座標が最大・最小になる点を調べることで求められるよ。2次関数の最大値や最小値は、グラフの頂点のy座標でもあるんだ。

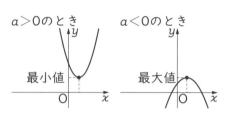

2次関数 $y=a(x-p)^2+q$ は、

$\begin{cases} a>0 \text{ のとき、} x=p \text{ で最小値} q \text{ をとり、最大値はない。} \\ a<0 \text{ のとき、} x=p \text{ で最大値} q \text{ をとり、最小値はない。} \end{cases}$

のようになるよ。

---

1 次のア〜カの2次関数について、下の問題にそれぞれ記号で答えましょう。

1問 5点

ア $y=\dfrac{1}{3}x^2+x-1$　　　イ $y=-3x^2$　　　ウ $y=-x^2+1$

エ $y=5x^2+2x+1$　　　オ $y=-\dfrac{1}{2}x^2+3x$　　　カ $y=2x^2+x+3$

(1) 最大値が存在するもの

(2) 最小値が存在するもの

2 次の2次関数の最大値と最小値を求めましょう。ただし、存在しない場合は「ない」と答えましょう。

1問 10点

(1) $y=3(x+2)^2-5$

最大値　　　　　　最小値

(2) $y=-\dfrac{1}{2}(x-1)^2+\dfrac{2}{3}$

最大値　　　　　　最小値

3 次の２次関数の最大値と最小値を求めましょう。ただし、存在しない場合は「ない」と答えましょう。

1問　10点

(1) $y=x^2-2x-1$ 　　　　　　　　　　　　(2) $y=-2x^2+8x+7$

最大値　　　　　　　　最小値　　　　　　　　最大値　　　　　　　　最小値

(3) $y=x^2+3x+2$ 　　　　　　　　　　　　(4) $y=-\dfrac{1}{2}x^2-8x+5$

最大値　　　　　　　　最小値　　　　　　　　最大値　　　　　　　　最小値

4 次のア〜カの式で表される２次関数について、下の問題にそれぞれ記号で答えましょう。

1問　10点

ア $y=-x^2$ 　　　　　　イ $y=3x^2-1$ 　　　　　ウ $y=-2(x-3)^2+5$

エ $y=\dfrac{1}{3}(x-2)^2-2$ 　　　オ $y=5(x-1)^2+3$ 　　　カ $y=3(x+4)^2+2$

(1) 最小値が存在するもののうち、最小値が最も大きいもの

(2) 最小値が存在するもののうち、最小値をとるときのxの値が最も大きいもの

5 ２次関数 $y=3x^2-6x+b$ の最小値が-1であるとき、定数bの値を求めましょう。

10点

$b=$

2次関数の最大値・最小値を求めよう！②

定義域 ↪ 8 ページ

💡 **ポイント**

定義域での最大値・最小値：$a \leqq x \leqq b$ と定義域が与えられた2次関数は、最大値と最小値をもつよ。$a < x < b$ というときは、最大値や最小値があるとは限らないんだ。グラフが右の図のようになるときは、$x=b$ で最大値をとり、頂点のところで最小値をとるよ。
最大値や最小値は、グラフをかいて考えるのがいいよ。

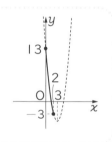

---

1 2次関数 $y=2(x-3)^2-5$ について、それぞれの定義域における最大値と最小値を求めましょう。ただし、存在しない場合は「ない」と答えましょう。 **1問 10点**

例 $0 \leqq x \leqq 2$ の場合、$x=0$ のとき $y=13$、$x=2$ のとき $y=-3$ である。よって、$x=0$ で最大値13をとり、$x=2$ で最小値-3 をとる。

(1) $1 \leqq x \leqq 5$

　　　　　　　　　　　　　最大値　　　　　　　最小値

(2) $4 \leqq x \leqq 6$

　　　　　　　　　　　　　最大値　　　　　　　最小値

(3) $-1 \leqq x \leqq 4$

　　　　　　　　　　　　　最大値　　　　　　　最小値

(4) $0 < x < 4$

　　　　　　　　　　　　　最大値　　　　　　　最小値

2 次の2次関数について、（　）内の定義域における最大値と最小値を求めましょう。
ただし、存在しない場合は「ない」と答えましょう。　　　　　　　　1問　10点

(1) $y = -\dfrac{1}{2}x^2 - x + 3 \ (-1 \leqq x \leqq 2)$

　　　　　　　　　　　　　　　最大値　　　　　　最小値

(2) $y = 3x^2 - 6x + 1 \ (-2 \leqq x \leqq 0)$

　　　　　　　　　　　　　　　最大値　　　　　　最小値

3 2次関数 $y = 2x^2 - 4x + a$ について、定義域が $-2 \leqq x \leqq 3$ における最小値が2の
とき、次の問題に答えましょう。　　　　　　　　　　　　　　　1問　10点

(1) 定数 a の値を求めましょう。

(2) (1)のとき、最大値を求めましょう。

4 2次関数 $y = -x^2 + 6x + 1$ について、定義域が $0 \leqq x \leqq a$ のときの最大値をM、
最小値をmとします。次の問題に答えましょう。　　　　　　　　1問　10点

(1) $a = 2$ のとき、M、mの値をそれぞれ求めましょう。

　　　　　　　　　　　　　　　　M＝　　　　　　　m＝

(2) $a = 5$ のとき、M、mの値をそれぞれ求めましょう。

　　　　　　　　　　　　　　　　M＝　　　　　　　m＝

12日目 確認問題②

1 直角をはさむ2辺の長さがx cmの直角二等辺三角形の面積をy cm^{2}とします。このとき、yをxの式で表しましょう。 10点

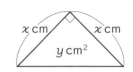

📄 14ページ **2**

$$y=$$

2 次の2次関数のグラフをかきましょう。 1問 10点

📄 17ページ **3**

(1) $y=\dfrac{1}{3}x^2$

(2) $y=-\dfrac{3}{2}x^2$

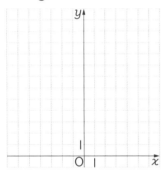

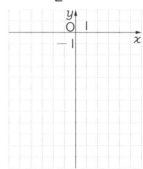

3 2次関数 $y=3x^2$ のグラフを次のように平行移動したグラフを表す2次関数の式を求めましょう。 1問 10点

📄 19ページ **5**

(1) x軸方向に-1だけ平行移動する。

$$y=$$

(2) y軸方向に2だけ平行移動する。

$$y=$$

4 2次関数 $y=x^2-4x-1$ …① について、次の問題に答えましょう。 1問 10点

📄 21ページ **4**

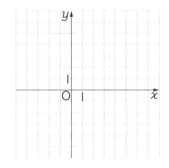

(1) ①のグラフをかきましょう。

(2) ①のグラフの軸と頂点の座標を求めましょう。

軸：$x=$

頂点：（　　　、　　　）

5 2次関数 $y=-3x^2+6x+5$ の最大値と最小値を求めましょう。ただし、存在しない場合は「ない」と答えましょう。　　10点

↻23ページ **3**

　　　　　　　　　　　　　　　　最大値　　　　　　　最小値

6 次の2次関数について、（　）内の定義域における最大値と最小値を求めましょう。ただし、存在しない場合は「ない」と答えましょう。　　1問　10点

↻25ページ **2**

(1) $y=2x^2-12x+3$ （$0\leqq x\leqq 3$）

　　　　　　　　　　　　　　　　最大値　　　　　　　最小値

(2) $y=-x^2-2x+1$ （$-2\leqq x\leqq 2$）

　　　　　　　　　　　　　　　　最大値　　　　　　　最小値

〜〈数学の小話〉〜〜〜〜〜〜〜〜〜〜〜〜〜〜〜〜〜〜〜〜〜〜〜〜〜〜〜〜〜〜〜〜

部屋割り論法とは？

$n+1$ 人を n 個の部屋に入れるとき、2人以上入っている部屋が、少なくとも1つ存在する。このような考え方を、部屋割り論法または鳩の巣原理といいます。n だとわかりにくいので、例えば、13人を12個の部屋に入れる場合を考えます。どの部屋にも1人ずつ入れると、人数13に対して部屋の数が12なので、最後の1人はどの部屋にも入れず、余ってしまいます。その1人は、1人が入っている12個の部屋のいずれかに入るしかなく、2人以上入っている部屋が1つ存在することになるので、この考え方は正しいといえます。この考え方を使うと、例えば、「5人の中に、ABO血液型が同じ人が必ず2人以上存在する」ことや、「366人の中に、誕生日が同じ人が必ず2人以上存在する（ただし、うるう年は考えない）」ことが正しいと説明できます。なぜ正しいのか、みなさんも考えてみてください。

2次関数の式を求めよう！

💡 **ポイント**

標準形の利用：グラフの軸や頂点についての条件から2次関数の式を求める場合は、$y=a(x-p)^2+q$ の形の式で考えるといいよ。

1 グラフの頂点が点(2、-1)である、次の2次関数の式を求めましょう。

1問 10点

例 グラフの頂点が点(2、-1)であるこの2次関数は、
$y=a(x-2)^2-1$ とおける。
グラフが点(3、2)を通るとき、
$2=a\times(3-2)^2-1$ より、$a=3$
したがって、$y=3(x-2)^2-1$

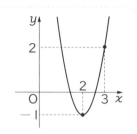

(1) $y=-2x^2$ のグラフを平行移動して得られる。

$y=$ _____

(2) グラフが点(0、1)を通る。

$y=$ _____

2 グラフの軸が直線 $x=3$ で、2点(0、-1)、(4、7)を通る、2次関数の式を求めましょう。

20点

$y=$ _____

💡 **ポイント**

一般形の利用：グラフ上の３点から２次関数の式を求める場合は、$y=ax^2+bx+c$ の形の式で考えるのがいいよ。この形の式は、グラフが通る３点の座標を代入して、a、b、cについての連立方程式をつくって解くんだ。

3 グラフが次の３点を通るとき、その２次関数の式を求めましょう。　　1問　20点

例 グラフが３点$(-1、-5)$、$(0、-1)$、$(2、1)$を通る２次関数は、
$y=ax^2+bx+c$ とおける。
グラフが点$(-1、-5)$を通るから、$a-b+c=-5$ …①
グラフが点$(0、-1)$を通るから、$c=-1$ …②
グラフが点$(2、1)$を通るから、$4a+2b+c=1$ …③

②を①、③に代入して整理すると、$\begin{cases} a-b=-4 \\ 4a+2b=2 \end{cases}$

これを解いて、$a=-1$、$b=3$
したがって、$y=-x^2+3x-1$

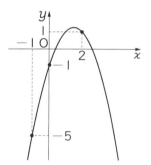

(1) $(0、3)$、$(1、0)$、$(3、0)$

$y=$

(2) $(0、1)$、$(1、3)$、$(-1、-3)$

$y=$

(3) $(-1、-7)$、$(1、1)$、$(2、11)$

$y=$

💡 **ポイント**

平方完成 ↩ 20 ページ

平方完成の利用：9日目で、2次関数のグラフの頂点を求めるときに使ったのと同じような式変形を用いて、2次方程式を解くことができるんだ。下の例で確認しよう。

因数分解の利用：$x^2+(a+b)x+ab=0$ の形の2次方程式は、左辺が因数分解できれば解けるよ。これは、「$A×B=0$ となるのは $A=0$ または $B=0$ のとき」であることを使うんだよ。$\underset{A}{\underline{(x+a)}}\,\underset{B}{\underline{(x+b)}}=0$

たすき掛けによる因数分解の利用：$acx^2+(ad+bc)x+bd=(ax+b)(cx+d)$ のように、左辺が因数分解できれば、上と同様にして解けるよ。

$$
\begin{array}{ccc}
a & \diagdown & b \to bc \\
c & \diagup & d \to ad \\
\hline
ac & bd & ad+bc
\end{array}
$$

---

1 次の2次方程式を解きましょう。　　　　　　　　　　1問　10点

例 2次方程式 $(x+1)^2=3$
$(x+1)^2=3$ より、$x+1=\pm\sqrt{3}$ となり、$x=-1\pm\sqrt{3}$

(1) $x^2=4$

$x=$

(2) $(x-3)^2=5$

$x=$

2 次の2次方程式を解きましょう。　　　　　　　　　　1問　10点

例 2次方程式 $x^2-2x-1=0$
$x^2-2x-1=0$ の左辺を変形すると、$(x-1)^2-1-1=0$
$(x-1)^2=2$ となり、$x-1=\pm\sqrt{2}$ から、$x=1\pm\sqrt{2}$

(1) $x^2+8x+3=0$

$x=$

(2) $x^2-6x-7=0$

$x=$

(3) $3x^2-6x+2=0$

$x=$

(4) $4x^2+12x+5=0$

$x=$

3 因数分解を利用して、次の2次方程式を解きましょう。　　　1問　10点

例 2次方程式 $x^2-x-2=0$
　$x^2-x-2=0$ の左辺を因数分解すると、$(x+1)(x-2)=0$
　$x+1=0$ または $x-2=0$ より、$x=-1$、2

(1) $x^2-4=0$

$x=$

(2) $x^2+x-6=0$

$x=$

例 2次方程式 $2x^2+7x+3=0$
　右のような、たすき掛けにより、$(2x+1)(x+3)=0$
　よって、$x=-\dfrac{1}{2}$、-3

$$\begin{array}{ccc} 2 & 1 & \to 1 \\ 1 & 3 & \to 6 \\ \hline 2 & 3 & 7 \end{array}$$

(3) $3x^2+5x-2=0$

$x=$

(4) $8x^2-2x-3=0$

$x=$

15日目　2次方程式を解いてみよう！②

💡 **ポイント**

解の公式：2次方程式 $ax^2+bx+c=0$ の解を求めるための公式があって、それにあてはめれば、どんな2次方程式でも解けるんだよ。
下の式を、2次方程式の解の公式というんだ。

2次方程式 $ax^2+bx+c=0$ の解は、 $x=\dfrac{-b\pm\sqrt{b^2-4ac}}{2a}$

---

1 次の □ にあてはまる式をうめて、2次方程式の解の公式を導いてみましょう。

各5点

2次方程式 $ax^2+bx+c=0$ …① において、

$x^2+\boxed{\text{ア}}x+\boxed{\text{イ}}=0$ ← 左辺を a で割る

$(x+\boxed{\text{ウ}})^2-\boxed{\text{エ}}+\boxed{\text{イ}}=0$ ← 平方の形をつくる

$(x+\boxed{\text{ウ}})^2=\dfrac{\boxed{\text{オ}}}{4a^2}$ ← $(x+\boxed{\text{ウ}})^2$ 以外を右辺に集めて通分する

$x+\boxed{\text{ウ}}=\pm\sqrt{\dfrac{\boxed{\text{オ}}}{\boxed{\text{カ}}}}$

したがって、$x=\dfrac{-b\pm\sqrt{b^2-4ac}}{2a}$ ← x 以外を右辺に集めて通分する

ア _____　　　イ _____　　　ウ _____　　　エ _____

オ _____　　　カ _____

---

2 解の公式を利用して、次の2次方程式を解きましょう。

1問　10点

例 2次方程式 $3x^2-2x-2=0$
$ax^2+bx+c=0$ において、$a=3$、$b=-2$、$c=-2$ の場合だから、
$x=\dfrac{-(-2)\pm\sqrt{(-2)^2-4\times3\times(-2)}}{2\times3}=\dfrac{2\pm\sqrt{28}}{6}=\dfrac{2\pm2\sqrt{7}}{6}=\dfrac{1\pm\sqrt{7}}{3}$

(1) $x^2+3x+1=0$

$x=$

(2) $2x^2+3x-1=0$

$x=$

(3) $x^2+4x-2=0$

$x=$

(4) $x^2-\dfrac{3}{2}x+\dfrac{1}{4}=0$

（係数が整数になるように、変形してから解きましょう。）

$x=$

(5) $4x^2+4x-15=0$

$x=$

(6) $12x^2-20x+3=0$

$x=$

(7) $10x^2+21x-10=0$

$x=$

1次不等式を解いてみよう！

💡 **ポイント**

不等式の性質：不等式について、次の性質が成り立つよ。

$a > b$ のとき、$a+c > b+c$、$a-c > b-c$

$a > b$ のとき、

$$\begin{cases} k > 0 \text{ ならば、} ka > kb、\dfrac{a}{k} > \dfrac{b}{k} \\ k < 0 \text{ ならば、} ka < kb、\dfrac{a}{k} < \dfrac{b}{k} \end{cases}$$

不等式の両辺に同じ正の数を掛けたり、両辺を同じ正の数で割ったりすると、不等号の向きはもとの不等式と同じになるよ。また、不等式の両辺に同じ負の数を掛けたり、両辺を同じ負の数で割ったりすると、不等号の向きはもとの不等式と逆向きになるんだよ。

1次不等式の解き方：x の 1 次不等式は、$ax \geqq b$、$ax > b$、$ax \leqq b$、$ax < b$ などの形に整理してから両辺を a でわるよ。そのとき、a が正の数なら不等号の向きは同じになるけど、a が負の数なら不等号の向きは逆になることに注意しよう。

1 次の不等式を解きましょう。

1問 10点

例 1次不等式 $3x+5 > 7x-1$

$3x-7x > -1-5$ ← 1次方程式と同様に移項する

$-4x > -6$ ← 両辺を整理する

$\dfrac{-4x}{-4} < \dfrac{-6}{-4}$ ← 両辺を負の数 -4 で割ると不等号の向きは逆になる

$x < \dfrac{3}{2}$

(1) $x-3 > 5$

(2) $3x > 6$

(3) $-2x \leqq 5$

(4) $7x-2>5x+6$

(5) $3(x+1)-2\geqq2(x-1)+3$

(6) $\dfrac{1}{2}x+\dfrac{2}{3}\leqq\dfrac{1}{4}x+\dfrac{3}{2}$

（係数が整数になるように、両辺に同じ数を掛けてから解きましょう。）

(7) $2.5x-1.3>1.8x+3.6$

（係数が整数になるように、両辺に同じ数を掛けてから解きましょう。）

2 $x=3$ が、不等式 $a(x+1)>2$ をみたすような定数 a の値の範囲を求めましょう。

10点

3 不等式 $2(x-3)+x<5$ をみたす整数 x のうち、最大の値を求めましょう。　**10点**

$$x=$$

4 不等式 $3x+5>7x-11$ をみたす自然数 x の個数を求めましょう。　　**10点**

連立不等式を解いてみよう！①

ポイント

連立不等式：2つ以上の不等式を組み合わせたものを 連立不等式 というよ。それらの不等式を同時にみたす x の値の範囲を求めることを、連立不等式を 解く というんだ。

そのとき、それぞれの不等式の解を、数直線上に図示すると考えやすいよ。
例えば、2つの不等式の解が $x>-3$ と $x≦2$ のとき、
右の図から、連立不等式の解は $-3<x≦2$ と判断するんだ。図の中の○はその値（-3）を含まないことを、●はその値（2）を含むことを表しているよ。

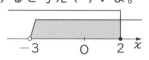

1 次の連立不等式を解きましょう。

1問 15点

例 連立不等式 $\begin{cases} 3x-1≦7(x+1) &\cdots① \\ 2x-3>5x-6 &\cdots② \end{cases}$

①より、$3x-1≦7x+7$ から、$-4x≦8$　　$x≧-2$
②より、$-3x>-3$ から、$x<1$
したがって、求める解は、$-2≦x<1$

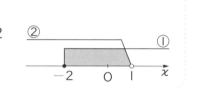

(1) $\begin{cases} 3x-5≦x+1 \\ 2x+3>4x-5 \end{cases}$

(2) $\begin{cases} \dfrac{x+1}{3}>\dfrac{x-3}{2} \\ 4(x-2)>3(x-1) \end{cases}$

2 次の不等式を解きましょう。

1問　15点

例 不等式 $3x-7<5x-3\leqq3x-2$

$\begin{cases}3x-7<5x-3 \cdots ① \\ 5x-3\leqq3x-2 \cdots ②\end{cases}$

← A<B<C が成り立つということは、A<B、B<C がともに成り立つことと同じ

①より、$-2x<4$ から、$x>-2$

②より、$2x\leqq1$ から、$x\leqq\dfrac{1}{2}$

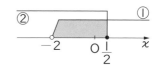

したがって、求める解は、$-2<x\leqq\dfrac{1}{2}$

⑴ $3x+1<10<2x+7$

⑵ $2(x+1)\leqq3x+1<16-x$

3 2つの不等式 $2x-1\geqq2$、$3(x+5)\geqq6x-7$ を同時にみたす整数 x をすべて求めましょう。

20点

4 連立不等式 $\begin{cases}x+1<2a \\ x+3a\geqq4\end{cases}$ が解をもたないような定数 a の値の範囲を求めましょう。

20点

ポイント ────────────────────────── 1次不等式 ↻ 34ページ

文章題の解き方：不等式を用いる場合の文章題は、次の手順で解くよ。
① 求めたいものをxとして、与えられた条件をxの不等式で表します。
② ①でつくった不等式を解きます。
③ ②で解いた不等式から、問題の意味に合うような適切な答えを導きます。
　例えば、長さを求めたいのならxは正の数、個数を求めたいのならxは負でない整数、などのように考慮します。

---

1 次の与えられた条件を、xについての不等式で表しましょう。　　　1問 10点

(1) xを3倍した数に5を加えると、100より大きくなる。

(2) 1個100円の商品をx個買い、1000円札ではらったら、おつりが300円以上になった（消費税は考えません）。

2 1個120円のりんごと1個100円のかきを合わせて15個買って、合計金額を1600円以下にします。りんごは最大何個まで買えるか求めましょう。ただし、消費税は考えないものとします。　　　20点

3 200冊のノートがあり、これらを何人かの生徒に同じ数ずつ分けます。1人5冊ずつ分けると、ノートが何冊か余ります。また、1人6冊ずつ分けると、ノートが30冊以上足りなくなります。このとき、生徒の人数は何人か求めましょう。

20点

4 家から4.2km離れた学校に行くのに、はじめは分速60mで歩き、途中から分速150mで走って、家を出発してから40分以内に学校に着きたいです。この場合、分速60mで歩く道のりを何km以下とすればよいか求めましょう。

20点

5 2つの米の容器A、Bがあります。Aには36kg、Bには5kgの米が入っています。いま、AからBへ米を何kgか移して、Aの重さをBの重さの4倍以下にしたいと思います。AからBへ移す米の重さは、何kg以上とすればよいか求めましょう。ただし、容器の重さは考えないものとします。

20点

19日目 確認問題③

1 次の条件をみたす2次関数の式を求めましょう。

1問　10点

↩28ページ **1**、29ページ **3**

(1) グラフの頂点が点$(1、3)$で、点$(3、-5)$を通る。

$$y=\rule{4cm}{0.4pt}$$

(2) グラフが3点$(-1、4)$、$(0、-1)$、$(2、7)$を通る。

$$y=\rule{4cm}{0.4pt}$$

2 次の2次方程式を解きましょう。

1問　10点

↩30ページ **2**、31ページ **3**、32ページ **2**

(1) $2x^2-8x+7=0$

$$x=\rule{4cm}{0.4pt}$$

(2) $4x^2+4x-15=0$

$$x=\rule{4cm}{0.4pt}$$

(3) $3x^2-4x-1=0$

$$x=\rule{4cm}{0.4pt}$$

3 $x=-2$ が、不等式 $3ax+5>3a+2$ をみたすような定数aの値の範囲を求めましょう。

10点

↩35ページ **2**

4 次の不等式を解きましょう。

1問　10点

↩36ページ 1 、37ページ 2

(1) $\begin{cases} 3(x+1)-2 \leqq 2(x+2) \\ x > \dfrac{x-10}{4} \end{cases}$

(2) $5x > x+2 > 3x-7$

5 定価が500円の同じ商品を、A商店では個数に関係なく定価で販売し、B商店では10個までは定価より1割高い価格で販売し、10個をこえる分については定価の2割引きの価格で販売しています。この品物をA商店で買うよりB商店で買う方が合計金額が安くなるのは、何個以上買うときであるか求めましょう。ただし、消費税は考えないものとします。

20点

↩38ページ 2

〈数学の小話〉

大相撲の巴戦とは？

大相撲は1年に6回開催され、1場所につき15日間行われ、勝ち星の一番多い力士が優勝となります。優勝者を決定する方法の1つに、巴戦があります。これは15日間で、同じ勝ち星の力士が3人いる場合に適用されます。ルールは、次のようになります。3人の力士をA、B、Cとします。まず、くじ引きをし、対戦する2名を選びます。例えば、1回目にAとBが対戦する場合、Cは休みになります。AとBが対戦し、Aが勝つと、2回目にCと対戦し（Bは休み）、そこでAが勝つと、Aが2連勝で優勝となります。Cが勝つと、3回目に1回目に負けたBと対戦し、そこでCが勝つと、Cが2連勝で優勝となります。Bが勝つと、4回目にAと対戦します。以下、2連勝する力士が現れるまで繰り返されます。この方式は、どの力士にも優勝するチャンスがあり、数学的に合理的な決定方式といえます。

実数解、重解って何？

解の公式 ↱ 32 ページ

ポイント

判別式：15日目で学んだように、2次方程式 $ax^2+bx+c=0$ の解は、解の公式を用いて、$x=\dfrac{-b\pm\sqrt{b^2-4ac}}{2a}$ となるんだったね。この公式の $\sqrt{}$ の中の式を判別式とよんで、ふつう D と表すよ。

つまり、$D=b^2-4ac$ だね。Dの符号によって、

D＞0 のときは2つの解はともに実数、D＜0 のときは実数解はないんだ。

D＝0 のときは2つの実数解は一致していると考えて、これを重解というよ。

実数解を少なくとも1つもつための条件は、D≧0 となるんだ。

---

1 次の2次方程式の実数解はいくつあるか求めましょう。

1問　10点

例 2次方程式 $3x^2-4x+2=0$ について、判別式Dは、
$D=(-4)^2-4\cdot3\cdot2=16-24=-8<0$
したがって、実数解の個数は、0個

(1) $2x^2+5x+1=0$

個

(2) $x^2-6x+8=0$

個

(3) $25x^2-60x+36=0$

個

(4) $2x^2+5x-1=0$

個

(5) $3x^2+\sqrt{2}\,x+1=0$

個

(6) $7x^2-2\sqrt{7}\,x+1=0$

個

2 次の2次方程式が重解をもつような定数aの値を求めましょう。　　　1問　10点

(1) $2x^2+3x+a=0$

$a=$

(2) $x^2-ax+9=0$

$a=$

3 2次方程式 $2x^2+4x+a-1=0$ が異なる2つの実数解をもつような定数aの値の範囲を求めましょう。　　　10点

4 2次方程式 $ax^2+3x-1=0$ が実数解をもたないような定数aの値の範囲を求めましょう。　　　10点

ポイント

2次関数のグラフとx軸の共有点：$y=ax^2+bx+c$ のグラフとx軸との共有点のx座標は、2次方程式 $ax^2+bx+c=0$ の解だよ。x軸は、y座標が0である点の集まりだから、$y=0$ とおくんだ。

x軸との共有点の個数：例えば、$y=x^2-2x-1$ のグラフは、$y=(x-1)^2-2$ と変形できて、グラフが下に凸であることと、頂点の座標$(1、-2)$がx軸より下側にあることから、x軸との共有点が2個であることがわかるよ。

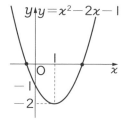

このように、2次関数のグラフとx軸との共有点の個数は、

$\begin{cases} \text{グラフが上に凸か下に凸か} \\ \text{頂点の}y\text{座標が正か負か} \end{cases}$

からわかるんだ。

---

1 次の2次関数について、下の問題に答えましょう。　　　　　　　1問　5点

(1) $y=x^2+2x-3$

　① 頂点の座標を求めましょう。

(2) $y=-x^2+4x+1$

　① 頂点の座標を求めましょう。

② グラフをかきましょう。

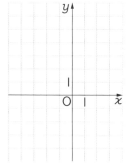

② グラフをかきましょう。

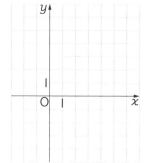

③ グラフとx軸との共有点の個数を求めましょう。

③ グラフとx軸との共有点の個数を求めましょう。

　　　　　　　　　　　　　個

　　　　　　　　　　　　　個

(3) $y=\dfrac{1}{2}x^2-2x+2$

① 頂点の座標を求めましょう。

② グラフをかきましょう。

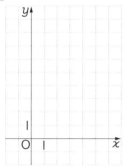

③ グラフと x 軸との共有点の個数を求めましょう。

　　　　　　　　　　　　　個

(4) $y=-x^2+4x-5$

① 頂点の座標を求めましょう。

② グラフをかきましょう。

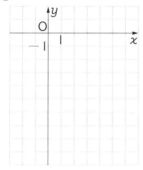

③ グラフと x 軸との共有点の個数を求めましょう。

　　　　　　　　　　　　　個

2 次の2次関数のグラフと x 軸との共有点の座標を求めましょう。ただし、存在しない場合は「ない」と答えましょう。　　　　1問　10点

(1) $y=x^2-2x-3$

(2) $y=-4x^2+4x-1$

(3) $y=x^2-3x+1$

(4) $y=x^2+2\sqrt{3}\,x+3$

45

22 日目 2次関数のグラフと x 軸との位置関係を調べよう！②

ポイント 判別式 🔗 42ページ

判別式の利用：2次関数のグラフと x 軸との共有点の個数の求め方は、21日目のやり方のほかに、判別式を利用する方法もあるよ。

$y=x^2-2x-1$ のグラフと x 軸との共有点があるなら、共有点の x 座標は、2次方程式 $x^2-2x-1=0$ の解だね。

具体的に共有点の座標を求める必要がなく、共有点の個数だけが知りたい場合は、判別式を調べればいいんだ。

$y=x^2-2x-1$ のグラフの場合、$x^2-2x-1=0$ の判別式Dは、

$$D=(-2)^2-4\times1\times(-1)=8>0$$

したがって、グラフと x 軸の共有点は2個あるとわかるね。

判別式と共有点の個数の関係

2次方程式 $ax^2+bx+c=0\ (a>0)$ の判別式をDとすると、

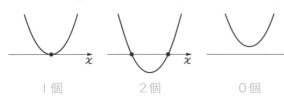

D＝0のとき	D＞0のとき	D＜0のとき
1個	2個	0個

---

1 次の2次関数のグラフについて、x 軸との共有点の個数を、判別式を利用して求めましょう。

1問 **10点**

(1) $y=3x^2+4x+1$

　　　　　　　　　　　　　　　　　　　　　　　　　　個

(2) $y=-x^2+3x-4$

　　　　　　　　　　　　　　　　　　　　　　　　　　個

(3) $y=\dfrac{1}{3}x^2+2x+3$

　　　　　　　　　　　　　　　　　　　　　　　　　　個

⑷ $y = 2x^2 + 3x + 1$

個

⑸ $y = -x^2 + \sqrt{3}\,x - 1$

個

2 2次関数 $y = 3x^2 + 4x - a + 1$ のグラフについて、次の問題に答えましょう。

1問　10点

⑴ x 軸と共有点を2個もつような定数 a の値の範囲を求めましょう。

⑵ x 軸との共有点が存在しないような定数 a の値の範囲を求めましょう。

3 2次関数 $y = ax^2 + 4x + 2$ のグラフが x 軸と接するような定数 a の値を求めましょう。

10点

$a =$

4 2次関数 $y = ax^2 - 2(a-1)x + a + 1$ のグラフが x 軸と共有点を2個もつような定数 a の値の範囲を求めましょう。

20点

1次関数と2次関数のグラフの位置関係を調べよう！

ポイント

2次関数のグラフと直線の共有点：例えば、2次関数 $y=x^2-3x+2$ のグラフと直線 $y=x-1$ の共有点の x 座標は、

$x^2-3x+2=x-1$　　$x^2-4x+3=0$

$(x-1)(x-3)=0$　　$x=1$、3

したがって、共有点の x 座標は1と3のように求められるよ。このように、2次関数のグラフと直線の共有点の座標は、連立方程式を解けば求められるんだ。

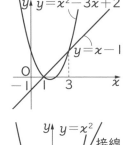

2次関数のグラフの接線：2次関数のグラフと直線がただ1つの共有点をもつとき、その直線を接線というよ。そのときの共有点が接点だよ。

例えば、2次関数 $y=x^2$ のグラフと直線 $y=2x-1$ の共有点の x 座標は、$x^2=2x-1$　　$(x-1)^2=0$　　$x=1$

$x=1$ が重解なので、x 座標が1の点で接することがわかるよ。

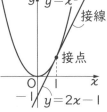

---

1 次の2次関数のグラフと直線の共有点の座標を求めましょう。

1問　15点

(1) $\begin{cases} y=x^2+7x+3 \\ y=2x+9 \end{cases}$

(2) $\begin{cases} y=2x^2-2 \\ y=3x \end{cases}$

(3) $\begin{cases} y=-x^2+2x-5 \\ y=-4(x-1) \end{cases}$

(4) $\begin{cases} y=\dfrac{1}{2}x^2 \\ y=3x-4 \end{cases}$

2 2次関数 $y=-2x^2+6x-2$ のグラフと直線 $y=ax$ が接するような定数 a の値を求めましょう。　　　　　　　　　　　　　　　　　　　　　　**10点**

例 2次関数 $y=x^2-x+1$ …① のグラフと
直線 $y=ax$ …② が接するとき、①と②を連立させると、
$x^2-x+1=ax$ より、$x^2-(a+1)x+1=0$
判別式をDとすると、$D=\{-(a+1)\}^2-4=a^2+2a-3$
①と②が接するから、D＝0 より、$a^2+2a-3=0$
$(a+3)(a-1)=0$ より、$a=-3$、1
ちなみに、接線の方程式は、②より、$y=-3x$、$y=x$

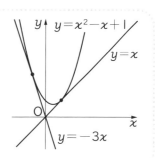

$a=$

3 2次関数 $y=x^2-4x-3$ のグラフと直線 $y=2x+k$ について、次の問題に答えましょう。　　　　　　　　　　　　　　　　　　　　　　**1問　10点**

(1) 共有点が少なくとも1つあるような定数 k の値の範囲を求めましょう。

(2) 接するときの k の値を求めましょう。

$k=$

(3) (2)のときの接点の座標を求めましょう。

24 日目　2次不等式を解いてみよう！①

💡 **ポイント**

2次不等式の解：$ax^2+bx+c>0$ のように、左辺が x の 2次式になる不等式を2次不等式というんだ。例えば、 2次不等式 $(x-1)(x-3)>0$ の解は、2次関数 $y=(x-1)(x-3)$ のグラフが x 軸より上側にあるよう な x の値の範囲ということだから、右のグラフより、 $x<1$、$3<x$ となるよ。

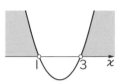

一般に、2次関数 $y=ax^2+bx+c \ (a>0)$ のグラフが下に凸で、x 軸と $x=\alpha$、β $(\alpha<\beta)$ の点で交わるとすると、2次不等式の解は、次のようになるよ。

(i) $ax^2+bx+c>0 \ (a>0)$ 　　(ii) $ax^2+bx+c<0 \ (a>0)$ 　の解は、　　　　　　　　　　　の解は、

　　$x<\alpha$、$\beta<x$ 　　　　　　　　　$\alpha<x<\beta$

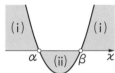

---

1 次の2次不等式を解きましょう。

1問　10点

(1) $(x+1)(x-5)<0$

(2) $(x-3)(2x+5)\geqq0$

(3) $x^2+3x-10>0$

(4) $6x^2+x-1<0$

(5) $3x^2-5x-1\geqq 0$　　　　　　　　　(6) $2x^2-4x+1\leqq 0$

2 2次不等式 $x^2+ax+b<0$ の解が $-3<x<5$ のとき、定数 a、b の値を求めましょう。
　　　　　　　　　　　　　　　　　　　　　　　　　　　　　　　　1問　10点

例 2次不等式 $x^2+ax+b<0$ …① の解が $-1<x<3$ のとき、$(x+1)(x-3)<0$ と表される。左辺を展開すると、$x^2-2x-3<0$ …②
①と②の式を比べて、$a=-2$、$b=-3$

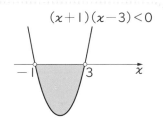

(1) $a=$ 　　　　　　　　(2) $b=$

3 2次不等式 $x^2-(2a+1)x+a+1<0$ の解が $1<x<b$ のとき、定数 a、b の値を求めましょう。
　　　　　　　　　　　　　　　　　　　　　　　　　　　　　　　　1問　10点

(1) $a=$ 　　　　　　　　(2) $b=$

💡 ポイント

解をもたない2次不等式・つねに成り立つ2次不等式

2次関数 $y=ax^2+bx+c$ $(a>0)$ のグラフが、右の図のように下に凸で、x軸との共有点がない場合は、$ax^2+bx+c<0$ をみたす実数xは存在しないよ。このとき、この不等式は解がないんだ。逆に、$ax^2+bx+c>0$ はどんなxに対しても成り立つから、このとき、解はすべての実数なんだ。

グラフがx軸と接する場合の2次不等式

2次関数 $y=ax^2+bx+c$ $(a>0)$ のグラフが、右の図のように下に凸で、$x=\alpha$ の点でx軸と接するとき、

$$\begin{cases} ax^2+bx+c \geqq 0 \text{ の解は、すべての実数} \\ ax^2+bx+c > 0 \text{ の解は、} x=\alpha \text{ を除くすべての実数} \\ ax^2+bx+c \leqq 0 \text{ の解は、} x=\alpha \\ ax^2+bx+c < 0 \text{ の解は、ない} \end{cases}$$

のようになるよ。

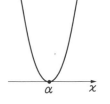

---

1 次の2次不等式を解きましょう。　　　　　　　1問　10点

例 2次不等式 $x^2+3x+4>0$
2次方程式 $x^2+3x+4=0$ の判別式をDとすると、
$D=3^2-4\cdot1\cdot4=-7<0$
したがって、$y=x^2+3x+4$ のグラフはx軸と共有点をもたないから、2次不等式の解はすべての実数

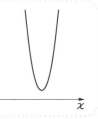

(1) $x^2-4x+4>0$ 　　　　　　　　(2) $x^2+2x+2<0$

(3) $4x^2 - 12x + 9 \leqq 0$

(4) $-x^2 + 3x - 3 < 0$

(5) $3x^2 + x + 1 \geqq 0$

(6) $1 - 2x + 3x^2 \leqq 0$

(7) $x^2 - 2\sqrt{2}\,x + 2 \geqq 0$

(8) $3x^2 + 5x + 3 > 0$

2 2次不等式 $ax^2 + 4x + a - 3 > 0$ の解がすべての実数となるような定数 a の値の範囲を求めましょう。

20点

連立不等式を解いて みよう！②

連立不等式 ⤴36ページ

ポイント

2次不等式を含む連立不等式：17日目に連立不等式を学んだとき、連立不等式は、それぞれの不等式が解ければ、それらの共通部分が解になるんだったね。連立不等式のうちのいくつかが2次不等式になっても、考え方は同じだよ。連立不等式を解いて、共通部分を調べるときは、数直線上に図示するとわかりやすいんだ。

1 次の連立不等式を解きましょう。

1問　10点

例 連立不等式 $\begin{cases} x^2 - 3x + 2 > 0 \cdots ① \\ x^2 - 2x - 3 \leqq 0 \cdots ② \end{cases}$

①より、$(x-1)(x-2) > 0$　　$x < 1, \ 2 < x$

②より、$(x+1)(x-3) \leqq 0$　　$-1 \leqq x \leqq 3$

したがって、求める解は、$-1 \leqq x < 1, \ 2 < x \leqq 3$

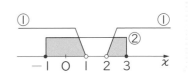

(1) $\begin{cases} x^2 < 4 \\ 2x + 1 \geqq 0 \end{cases}$

(2) $\begin{cases} 3x - 2 \geqq x + 4 \\ x^2 - 5x \leqq 0 \end{cases}$

(3) $\begin{cases} 2(x+1) > x \\ x^2 - 4x + 3 \geqq 0 \end{cases}$

(4) $\begin{cases} x^2 + 2x - 3 > 0 \\ x^2 - x - 20 \geqq 0 \end{cases}$

(5) $\begin{cases} x^2-2x-1 \leqq 0 \\ x^2-x>0 \end{cases}$

(6) $3(x-2)<x^2-4x<5$

2 連立不等式 $\begin{cases} x^2-2x-15<0 \\ 6x^2-11x+4 \geqq 0 \end{cases}$ の解に含まれる整数 x の個数を求めましょう。

20点

個

3 x についての2つの不等式 $2x^2-5x-12<0$、$2(x-a)>a+3$ を同時にみたす x が存在するような定数 a の値の範囲を求めましょう。

20点

例 x についての2つの不等式 $x^2-8x+12<0$ …①、$x-a<4$ …② を同時にみたす x が存在するような定数 a の値の範囲は、

①より、$(x-2)(x-6)<0$　　$2<x<6$

②より、$x<a+4$

①、②を同時にみたす x が存在するのは、$2<a+4$、すなわち、$a>-2$

27 日目 2次不等式を利用して身近な 問題を解いてみよう！

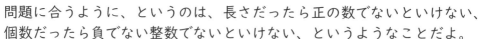

ポイント **2次不等式** ↩50ページ

不等式の文章題：不等式の文章題の解き方の手順は、
① 変数(aやxなど)を適切に設定して、問題の条件などを、
　その変数を用いて表す。
② 変数を用いた不等式をつくり、それを解く。
③ 得られた結果を、問題に合うように、適切に解釈して答える。
ということだよ。
問題に合うように、というのは、長さだったら正の数でないといけない、
個数だったら負でない整数でないといけない、というようなことだよ。

1 長さが40cmのひもを折り曲げて、縦の長さが横の長さよりも長く、面積が75cm^{2}以上の長方形を作るとき、次の問題に答えましょう。　　　　1問　10点

(1) 長方形の縦の長さを$x$cmとして、面積が75cm^{2}以上であることを表すxの不等式を書きましょう。

(2) 縦の長さが横の長さよりも長いことを示すxの不等式を書きましょう。

(3) 縦の長さxがとりうる値の範囲を求めましょう。

2 1個100円の商品が、1日あたり80個売れます。この商品の値段を、1個につき1円値下げするごとに、1日あたりの売上げ個数が、2個増えることがわかっています。このとき、次の問題に答えましょう。ただし、消費税は考えないものとします。　　　　1問　15点

⑴ 1個の値段を x 円値下げしたときの売上げ個数を、x で表しましょう。

　　　　　　　　　　　　　　　　　　　　　　　　　　　　　　　　　個

⑵ 売上げ金額が8550円以上となるような x の値の範囲を求めましょう。

3 秒速15mで真上に投げ上げられたボールの x 秒後の高さは、$(15x-10x^2)$m と表されるものとします。ボールの高さが5m以上となるのは、投げ上げてから、何秒後から何秒後までの間か求めましょう。　　　　　**20点**

　　　　　　　　　　　　　秒後から　　　　　　秒後までの間

4 1辺の長さが x cmの立方体の縦、横、高さのうち、縦の長さはそのままで、横の長さを2cm長くし、高さを1cm短くした直方体を作るとき、作った直方体の体積がもとの立方体の体積以下となるような x の値の範囲を求めましょう。　　　**20点**

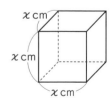

1 2次方程式 $x^2+2ax+4=0$ が重解をもつような定数 a の値を求めましょう。

10点

↪ 43 ページ 2

$a=$

2 2次関数 $y=x^2-6x+5$ について、次の問題に答えましょう。

1問 10点

↪ 44 ページ 1

(1) グラフの頂点の座標を求めましょう。

(2) グラフをかきましょう。

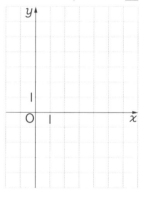

(3) グラフと x 軸の共有点の個数を求めましょう。

個

3 2次関数 $y=x^2+4x-2a+1$ のグラフが x 軸と共有点を2個もつような定数 a の値の範囲を求めましょう。

10点

↪ 47 ページ 2

4 2次関数 $y=2x^2+4x+3$ のグラフと直線 $y=ax-5$ が接するような定数 a の値を求めましょう。

10点

↪ 49 ページ 2

$a=$

5 次の２次不等式を解きましょう。　　　　　　　　　　　　　　1問　10点

↩ 50ページ **1**、52ページ **1**

(1) $x^2 - 5x + 6 \leqq 0$　　　　　　　　　　　(2) $x^2 - x + 2 \geqq 0$

6 次の連立不等式を解きましょう。　　　　　　　　　　　　　　10点

↩ 54ページ **1**

$$\begin{cases} x^2 - 3x + 2 \geqq 0 \\ 2x^2 + 9x - 5 > 0 \end{cases}$$

7 横の長さが縦の長さよりも４ｍだけ長い長方形の土地の面積が60ｍ² 以上になる
とき、横の長さはどのような範囲にあるか求めましょう。　　　10点

↩ 56ページ **1**

〈数学の小話〉

お年玉つき年賀はがきの当選確率は？

お年玉つき年賀はがきの当選番号は、賞に
より異なり、１等は６けたの数字、２等は
下４けたの数字、３等は３種類の下２けた
の数字で発表されます。ちなみに、2023
年用お年玉つき年賀はがきの３等は「11、
42、73」の３種類でした。では、３等に当
選する確率はどれくらいでしょうか。３等

は、下２けたの数字が00～99の100通り
のうちの３通りなので、３等に当選する確
率は100分の３です。2023年用のお年玉
つき年賀はがきの総発行枚数は約16億
8000万枚で、これに当選確率を掛けると、
お年玉つき年賀はがき３等の当選枚数は、
約５千万枚とわかります。

29 日目 1次関数と2次関数の まとめ①

1 次の1次関数のグラフをかきましょう。　　　　　　　　　　　1問　10点

(1) $y = 2x - 4$

(2) $y = -\dfrac{1}{3}x + 2$

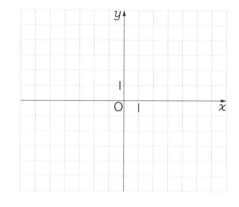

2 次の2次関数について、（ ）内の定義域における最大値と最小値を求めましょう。ただし、存在しない場合は「ない」と答えましょう。　　　1問　10点

(1) $y = 2x^2 - 8x + 5$　$(-1 \leqq x \leqq 4)$

　　　　　　　　　　　　最大値　　　　　　　　最小値

(2) $y = -\dfrac{1}{4}x^2 - 2x + 1$　$(-4 \leqq x \leqq 4)$

　　　　　　　　　　　　最大値　　　　　　　　最小値

3 次の2次方程式を解きましょう。　　　　　　　　　　　　1問　10点

(1) $x^2 - 6x + 3 = 0$　　　　　　　(2) $3x^2 - 5x - 2 = 0$

　　　　$x =$　　　　　　　　　　　　　　　　$x =$

4 次の連立不等式を解きましょう。　　　　　　　　　　　　　　　1問　10点

(1) $\begin{cases} x^2 < 9 \\ -3x + 2 \geqq 0 \end{cases}$

(2) $\begin{cases} x^2 + 4x - 5 > 0 \\ x^2 - 2x - 24 \leqq 0 \end{cases}$

5 長さが24cmの針金を2つに切って、それぞれを折り曲げて正方形を作るとき、2つの正方形の面積の和が20cm^{2}以上26cm^{2}以下となるようにします。このとき、次の問題に答えましょう。　　　　　　　　　　　　　　　1問　10点

(1) 2つの正方形の1辺をそれぞれ$x$cm、$y$cmとして、2つの正方形の面積の和が20cm^{2}以上26cm^{2}以下であることを表すxの不等式を書きましょう。

(2) xのとりうる値の範囲を求めましょう。

30日目　1次関数と2次関数の まとめ②

1 次の1次関数について、（　）の中の定義域における最大値と最小値を求めましょう。ただし、最大値や最小値が存在しない場合は「ない」と答えましょう。

1問　10点

(1) $y = \dfrac{2}{3}x + 1 \ (-3 \leqq x \leqq 6)$

最大値　　　　　　最小値

(2) $y = -x + 4 \ (2 < x \leqq 4)$

最大値　　　　　　最小値

2 次の2次関数のグラフをかきましょう。

1問　10点

(1) $y = \dfrac{1}{2}(x-1)^2 + 1$

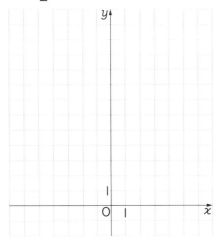

(2) $y = -\dfrac{3}{4}x^2 - 1$

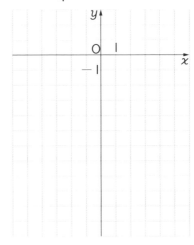

3 次の条件をみたす2次関数の式を求めましょう。　　　　　1問　10点

(1) グラフの頂点が点(2、1)で、原点を通る。

$$y=$$

(2) グラフが3点(−1、1)、(4、1)、(1、7)を通る。

$$y=$$

4 次の2次関数のグラフについて、x軸との共有点の個数を、判別式を利用して求めましょう。　　　　　1問　10点

(1) $y=x^2-3x-1$

個

(2) $y=2x^2+3x+2$

個

(3) $y=9x^2-12x+4$

個

5 1個180円のなしと1個240円のももを合わせて16個買うと、合計金額が3800円より少なくなりました。ももは最大何個まで買えるか求めましょう。ただし、消費税は考えないものとします。　　　　　10点

31日目〜60日目

微分・積分

微分と積分の関係とは？

　100mを12秒で走る人の速さは、$\frac{100}{12}=8.3\cdots$ より、およそ秒速8.3mです。ただし、同じ人でも、スタートしてから最初の10mと、ゴールする最後の10mとでは、速さに違いがあります。100mの高さのビルから、ゴムボールを真下に落とす場合を考えてみましょう。この場合も、落ち始めてから最初の10mと、地上に落ちるまでの最後の10mとでは、ボールが落下する速さに違いがあります。もっと細かく見ると、ボールの落ちる速さは、その瞬間ごとに変化しています。したがって、各時間における「瞬間的な速さ」を考える必要があります。瞬間的な速さを計算する方法が微分法です。

　ある高さから物体を真下に落としたとき、落下する時間をx秒、落下する距離をymとすると、xとyの間には、およそ$y=5x^2$という関係

が成り立ちます。x秒後の物体の落下する速さを秒速vmとすると、$v=10x$になります。落下する距離yが先に与えられたときの落下する速さvを求める方法が微分法なら、逆に、落下する速さvの方が先に与えられたときの落下する距離yは、どのようにして求められるのでしょうか。

　この場合のように、微分法とは逆の計算方法が必要になります。それが積分法です。微分法や積分法では、さまざまな公式が出てきますが、xとyについて比較的簡単な式で表されるものが多いので、解き進めていくことにより、「微分する」、「積分する」が実感できるはずです。

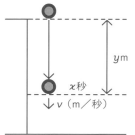

ym

x秒

↓v（m／秒）

31 日目　平均変化率、極限値って何？

変化の割合 ↩ 6 ページ

ポイント

平均変化率：関数 $y=f(x)$ のグラフ上の $x=a$ と $x=b$ に対応する点を通る直線の傾きを、関数 $f(x)$ の x が a から b までの平均変化率というよ。つまり、平均変化率は、$\dfrac{f(b)-f(a)}{b-a}$ のことだね。

2日目で、このことを変化の割合とよんでいたけど、よび方が変わっただけで、同じ意味を表すよ。

極限値：関数 $y=f(x)$ において、x が実数 a に限りなく近づくときに、$f(x)$ の値が実数 b に限りなく近づくならば、b を $x \to a$ のときの関数 $f(x)$ の極限値といい、$\lim\limits_{x \to a} f(x)=b$ と表すんだ。たいていの場合は、$\lim\limits_{x \to a} f(x)$ の値は、$f(x)$ に a を代入した値と等しくなるよ。でも、$f(x)=\dfrac{x^2-a^2}{x-a}$ のような分数式の場合、$x=a$ のとき分母が0になるから、$f(a)$ は存在しないけど、$x \to a$ のときの極限値 $\lim\limits_{x \to a} f(x)$ は存在するよ。ここでは、極限値の求め方を学ぼう。

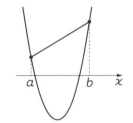

1 次の関数について、x が（　）の中の範囲で変わるときの平均変化率を求めましょう。

1問　10点

例 関数 $f(x)=2x+3$ について、x が2から4まで変わるときの平均変化率は、
$$\frac{f(4)-f(2)}{4-2}=\frac{(2 \cdot 4+3)-(2 \cdot 2+3)}{4-2}=2$$

(1) $f(x)=3x+1$ （x が1から3まで）　　　(2) $f(x)=x^2$ （x が-1から3まで）

(3) $f(x)=x^2-3x+1$ （x が0から3まで）　(4) $f(x)=\dfrac{1}{3}x$ （x が1から2まで）

2 次の極限値を求めましょう。　　　　　　　　　　1問　10点

例 $\lim_{x \to 2} (3x+1) = 3 \cdot 2 + 1 = 7$

$\lim_{x \to 1} \dfrac{x^2-1}{x-1} = \lim_{x \to 1} \dfrac{(x+1)(x-1)}{x-1} = \lim_{x \to 1} (x+1) = 1 + 1 = 2$

$x \to 1$ のとき、分母$\to 0$ となるので、はじめに分母・分子を $x-1$ で約分してから、x に1を代入して求める。

(1) $\lim_{x \to 3} x^2$

(2) $\lim_{x \to 0} (3x^2 - 4x + 5)$

(3) $\lim_{x \to 0} \dfrac{x+3}{x+2}$

(4) $\lim_{x \to 2} \dfrac{x^2-4}{x-2}$

(5) $\lim_{x \to 0} \dfrac{x^2-2x}{x}$

(6) $\lim_{x \to -1} \dfrac{x^2-x-2}{x+1}$

32日目 微分係数を求めよう！

接線 ⇨ 48ページ

ポイント

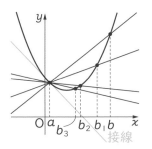

微分係数：関数 $y=f(x)$ のグラフ上に点 $(a、f(a))$ をとり、x が a から b まで変わるときの平均変化率を考えよう。右の図のように、b を b_1、b_2、b_3、…のように a に近づけていくと、平均変化率は、関数 $y=f(x)$ のグラフ上の点 $(a、f(a))$ における接線の傾きに近づいていくよ。このような、平均変化率の極限値を、関数 $y=f(x)$ の $x=a$ における微分係数といい、$f'(a)$（エフダッシュ a と読む）と表すんだ。

つまり、$f'(a)=\lim\limits_{b \to a}\dfrac{f(b)-f(a)}{b-a}$

b のままでは、変数のイメージがつきにくいので、b の代わりに x を用いて、$f'(a)$ を $f'(a)=\lim\limits_{x \to a}\dfrac{f(x)-f(a)}{x-a}$ と表すんだ。

また、この式で、$x=a+h$ とおくと、$x \to a$ のとき、$h \to 0$ となるので、$f'(a)$ を $f'(a)=\lim\limits_{h \to 0}\dfrac{f(a+h)-f(a)}{h}$ と表すこともあるんだ。両方とも覚えておこう。

---

1 次の関数について、（　）の中の x の値における微分係数を、$x=a$ における微分係数 $f'(a)=\lim\limits_{x \to a}\dfrac{f(x)-f(a)}{x-a}$ を用いて、求めましょう。

1問　10点

例 関数 $f(x)=x^2-3x$ について、$x=2$ における微分係数は、

$$f'(2)=\lim\limits_{x \to 2}\dfrac{f(x)-f(2)}{x-2}=\lim\limits_{x \to 2}\dfrac{(x^2-3x)-(2^2-3\cdot2)}{x-2}=\lim\limits_{x \to 2}\dfrac{x^2-3x+2}{x-2}$$

$$=\lim\limits_{x \to 2}\dfrac{(x-1)(x-2)}{x-2}=\lim\limits_{x \to 2}(x-1)=2-1=1$$

(1) $f(x)=3x$ $(x=1)$

(2) $f(x)=-x^2+x$ $(x=-1)$

(3) $f(x)=(x-1)(x+2)$ $(x=1)$　　　　(4) $f(x)=\dfrac{1}{x}$ $(x=1)$

2 次の関数について、（　）の中の x の値における微分係数を、$x=a$ における微分係数 $f'(a)=\lim\limits_{h\to 0}\dfrac{f(a+h)-f(a)}{h}$ を用いて、求めましょう。　　　　1問　15点

例 関数 $f(x)=x^2-3x$ について、$x=2$ における微分係数は、

$$f'(2)=\lim_{h\to 0}\frac{f(2+h)-f(2)}{h}=\lim_{h\to 0}\frac{\{(2+h)^2-3(2+h)\}-(2^2-3\cdot 2)}{h}$$

$$=\lim_{h\to 0}\frac{h^2+h}{h}=\lim_{h\to 0}\frac{h(h+1)}{h}=\lim_{h\to 0}(h+1)=0+1=1$$

(1) $f(x)=5x-1$ $(x=1)$　　　　(2) $f(x)=x^2$ $(x=-1)$

(3) $f(x)=2x^2-3x$ $(x=2)$　　　　(4) $f(x)=x(x+1)$ $(x=1)$

導関数を求めよう！

微分係数 🔗 68 ページ

💡 ポイント

導関数：32日目に、関数 $y=f(x)$ の $x=a$ における微分係数 $f'(a)$ を、

$f'(a)=\lim\limits_{h\to 0}\dfrac{f(a+h)-f(a)}{h}$ と表すことを学んだね。

例えば、関数 $f(x)=x^2$ の $x=a$ における微分係数 $f'(a)$ は、上の式を用いると、

$$f'(a)=\lim_{h\to 0}\frac{(a+h)^2-a^2}{h}=\lim_{h\to 0}\frac{(a^2+2ah+h^2)-a^2}{h}=\lim_{h\to 0}\frac{2ah+h^2}{h}$$

$$=\lim_{h\to 0}\frac{h(2a+h)}{h}=\lim_{h\to 0}(2a+h)=2a$$

この式を用いると、いろいろな a の値に対して $f'(a)$ の値を求めることができるね。つまり、$f'(a)$ は a の関数といえるよ。そこで、文字 a を文字 x でおきかえて得られる関数 $f'(x)=2x$ を、関数 $f(x)=x^2$ の導関数というよ。

一般に、関数 $f(x)$ の導関数は、$f'(x)=\lim\limits_{h\to 0}\dfrac{f(x+h)-f(x)}{h}$ で求められるんだ。

---

1 次の関数の導関数を求めましょう。　　　(1)〜(4)は1問 **10点**、(5)〜(8)は1問 **15点**

例 ・関数 $f(x)=x$ の導関数は、

$f'(x)=\lim\limits_{h\to 0}\dfrac{f(x+h)-f(x)}{h}=\lim\limits_{h\to 0}\dfrac{(x+h)-x}{h}=\lim\limits_{h\to 0}\dfrac{h}{h}=\lim\limits_{h\to 0}1=1$

・関数 $f(x)=x^3$ の導関数は、

$f'(x)=\lim\limits_{h\to 0}\dfrac{f(x+h)-f(x)}{h}=\lim\limits_{h\to 0}\dfrac{(x+h)^3-x^3}{h}$

$=\lim\limits_{h\to 0}\dfrac{(x^3+3x^2h+3xh^2+h^3)-x^3}{h}=\lim\limits_{h\to 0}\dfrac{3x^2h+3xh^2+h^3}{h}$

$=\lim\limits_{h\to 0}\dfrac{h(3x^2+3xh+h^2)}{h}=\lim\limits_{h\to 0}(3x^2+3xh+h^2)=3x^2$

(1) $f(x)=2x$ 　　　　　　　　　　　(2) $f(x)=-3x+5$

(3) $f(x) = 3x^2$

(4) $f(x) = -x^2$

(5) $f(x) = x^2 - x$

(6) $f(x) = -x^2 + 5x + 1$

(7) $f(x) = x^2 - 2x + 8$

(8) $f(x) = x^3 - 2x^2$

34日目 微分してみよう！

導関数 ⤸ 70ページ

💡 **ポイント**

微分する：33日目に、関数 $f(x)$ からその導関数 $f'(x)$ を求めることを学んだね。このことを、$f(x)$ を x で微分するというよ。関数を微分した結果は、$f'(x)$ のほかに、y' や $\dfrac{dy}{dx}$ などの記号が用いられるんだ。

33日目で学んだように、$(x)'=1$、$(x^2)'=2x$、$(x^3)'=3x^2$ が成り立つから、一般に、n が正の整数のとき、次の公式が成り立つよ。
$$y=x^n \text{ のとき、} y'=nx^{n-1}$$
また、関数 $f(x)=c$（c は定数）の導関数は、
$$f'(x)=\lim_{h\to 0}\frac{f(x+h)-f(x)}{h}=\lim_{h\to 0}\frac{c-c}{h}=\lim_{h\to 0}\frac{0}{h}=\lim_{h\to 0}0=0 \text{ で、つねに 0 だよ。}$$
$f(x)=c$ のような関数を定数関数というよ。

1 次の関数を微分しましょう。　　　　　　　　　　　　　　　　　　1問　10点

(1) $f(x)=x^4$　　　　　　　　　　　　　　　　(2) $f(x)=2$

　　　　　　　　$f'(x)=$　　　　　　　　　　　　　　　$f'(x)=$

💡 **ポイント**

33日目の **1**(3) で、関数 $f(x)=3x^2$ の導関数は、$f'(x)=6x$ と求めたね。
$6x=3\cdot 2x$ なので、$(x^2)'=2x$ を用いると、$f'(x)=3(x^2)'$、
つまり $(3x^2)'=3(x^2)'$ と示せるよ。
また、**1**(5) で、関数 $f(x)=x^2-x$ の導関数は、$f'(x)=2x-1$ と求めたね。
$(x^2)'=2x$、$(x)'=1$ を用いると、$(x^2-x)'=(x^2)'-(x)'$ と示せるよ。
これらのことから、次の導関数の公式が成り立つんだ。
導関数の公式：関数 $f(x)$、$g(x)$ の導関数をそれぞれ $f'(x)$、
$g'(x)$、k、ℓ を定数とするとき、次のことが成り立つよ。
① $y=kf(x)$ ならば、$y'=kf'(x)$
② $y=f(x)+g(x)$ ならば、$y'=f'(x)+g'(x)$
③ $y=f(x)-g(x)$ ならば、$y'=f'(x)-g'(x)$
④ $y=kf(x)+\ell g(x)$ ならば、$y'=kf'(x)+\ell g'(x)$

2 次の関数を微分しましょう。　　　　　　　　　　　　　　　1問　10点

例
- $y=2x^3$ のとき、
  $y'=(2x^3)'=2(x^3)'=2\cdot 3x^2=6x^2$
- $y=3x^2-5x+2$ のとき、
  $y'=(3x^2-5x+2)'=3(x^2)'-5(x)'+(2)'=3\cdot 2x-5\cdot 1+0=6x-5$

(1) $y=2x$　　　　　　　　　　　　　(2) $y=-4x^2$

$y'=$　　　　　　　　　　　　　　$y'=$

(3) $y=5x^3$　　　　　　　　　　　　(4) $y=-3x^4$

$y'=$　　　　　　　　　　　　　　$y'=$

(5) $y=x^3+x$　　　　　　　　　　　(6) $y=x^4-x^3-x^2$

$y'=$　　　　　　　　　　　　　　$y'=$

(7) $y=3x^2-6x-4$　　　　　　　　(8) $y=-2x^3-5x^2+7x$

$y'=$　　　　　　　　　　　　　　$y'=$

35日目 接線の方程式を求めよう！①

接線の傾き ⤴ 68ページ

ポイント

定点を通る直線の方程式：点 $(a、b)$ を通り、傾きが m の直線の方程式は、傾きが m だから、$y=mx+n$ とおくと、これが点 $(a、b)$ を通るから、$b=ma+n$ これより、$n=b-ma$ だから、直線の方程式は、$y=mx+b-ma$ より、$y=m(x-a)+b$ と表されるよ。

曲線上の点における接線の方程式：曲線 $y=f(x)$ 上の x 座標が a に対応する点の y 座標は $f(a)$ で、その点における接線の傾きは、32日目で学んだように $f'(a)$ だから、接線の方程式は、上の式を用いて、$y=f'(a)(x-a)+f(a)$ と表されるよ。

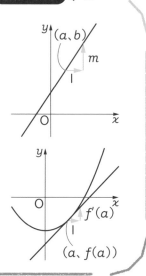

1 次の直線の方程式を求めましょう。　　　　　　　　1問 10点

例
・点 $(3、2)$ を通る傾きが4の直線の方程式
　$y=4(x-3)+2$ より、$y=4x-10$
・2点 $(-1、3)$、$(1、7)$ を通る直線の方程式
　傾きが $\dfrac{7-3}{1-(-1)}=2$ なので、$y=2\{x-(-1)\}+3$ より、$y=2x+5$

(1) 点 $(3、0)$ を通る傾きが2の直線

(2) 点 $(0、2)$ を通る傾きが-1の直線

$y=$ 　　　　　　　　　　　　　$y=$

(3) 2点 $(2、1)$、$(5、10)$ を通る直線

(4) 2点 $(0、4)$、$(6、0)$ を通る直線

$y=$ 　　　　　　　　　　　　　$y=$

2 次の曲線上のx座標が（　　　）の点における接線の傾きを求めましょう。　**1問　10点**

例　曲線 $y=-x^2+x+3$ 上のx座標が2の点における接線の傾き
　　$y'=-2x+1$ に、$x=2$ を代入して、接線の傾きは、$-2\cdot2+1=-3$

(1) $y=3x^2+2x+5$ $(x=-1)$　　　　　　(2) $y=x^3+x^2-5x+1$ $(x=2)$

3 次の曲線上の（　　　）の点における接線の方程式を求めましょう。　**1問　10点**

例　曲線 $y=x^2+2x+3$ 上の点$(1、6)$における接線の方程式
　　$y'=2x+2$ に、$x=1$ を代入して、接線の傾きは、$2\cdot1+2=4$
　　したがって、接線の方程式は、$y=4(x-1)+6$より、$y=4x+2$

(1) $y=-x^2+5x+1$　点$(1、5)$　　　　(2) $y=x^3+x^2$　点$(1、2)$

　　　　　　　$y=$　　　　　　　　　　　　　　　$y=$

4 曲線 $y=3x^2+2x-5$ の接線について、次の問題に答えましょう。　**1問　10点**

(1) 接線の傾きが2となるような接点の座標を求めましょう。

(2) (1)のときの接線の方程式を求めましょう。

　　　　　　　　　　　　　　　　　　　　　　$y=$

接線の方程式を求めよう！②

💡 ポイント

曲線上にない点を通る接線の方程式：曲線 $y=f(x)$ の接線で、曲線上にない点Aを通る接線の方程式は、次の手順で求められるよ。

① 曲線 $y=f(x)$ の接点Pの x 座標を t として、接線の方程式を t を用いて表す。$y=f'(t)(x-t)+f(t)$

② ①の接線の方程式に点Aの座標を代入して、t についての方程式をつくり、それを解く。

③ ②の方程式を解いて得られた t の値を、①の接線の方程式に代入して求める。

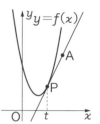

---

1 曲線 $y=x^2-x+3$ の接線について、次の問題に答えましょう。　　1問　13点

(1) 曲線上の点P$(t$、$t^2-t+3)$における接線の方程式を、t を用いて表しましょう。

$$y=\underline{\hspace{5cm}}$$

(2) (1)の接線が、曲線上にない点A$(1$、$-1)$を通るような t の値をすべて求めましょう。

$$t=\underline{\hspace{4cm}}$$

(3) (2)のときの接線の方程式をすべて求めましょう。

⑷ ⑶の接線のグラフをすべてかきましょう。

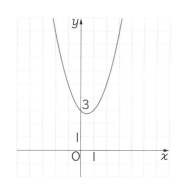

2 曲線 $y=\dfrac{1}{3}x^3-x+2$ の接線について、次の問題に答えましょう。　　**1問　16点**

⑴ 曲線上の点 $\mathrm{P}\left(t、\dfrac{1}{3}t^3-t+2\right)$ における接線の方程式を、t を用いて表しましょう。

$$y=$$

⑵ ⑴の接線が、曲線上にない点 $\mathrm{A}(2、0)$ を通るような t の値をすべて求めましょう。

$$t=$$

⑶ ⑵のとき、接線の傾きが正であるような接線の方程式を求めましょう。

$$y=$$

1 次の関数について、x が（　）の中の範囲で変わるときの平均変化率を求めましょう。

1問　8点

↩66 ページ 1

(1) $f(x) = -4x + 1$ （x が1から5まで）　　　(2) $f(x) = -x^2 + 4x + 1$ （x が−1から3まで）

2 次の極限値を求めましょう。

1問　8点

↩67 ページ 2

(1) $\displaystyle\lim_{x \to 1} (2x^2 - 5x + 6)$　　　　　　　　(2) $\displaystyle\lim_{x \to 2} \frac{2x^2 - 3x - 2}{x - 2}$

3 関数 $f(x) = -2x^2 + 3x$ について、$x = -1$ における微分係数を求めましょう。

8点

↩68 ページ 1 、69 ページ 2

4 関数 $f(x) = -x^2 + 7x - 2$ の導関数を、$f'(x) = \displaystyle\lim_{h \to 0} \frac{f(x+h) - f(x)}{h}$ を使って求めましょう。

8点

↩70 ページ 1

$$f'(x) =$$

5 次の関数を微分しましょう。　　　　　　　　　　1問　8点

↩73ページ 2

(1) $y=-5x^2$　　　　　　　　　　　　(2) $y=6-9x^3$

$y'=$　　　　　　　　　　　　　　　$y'=$

(3) $y=5x^2-x-2$　　　　　　　　　　(4) $y=-4x^3+3x^2$

$y'=$　　　　　　　　　　　　　　　$y'=$

6 曲線 $y=x^3-2x^2+3x+1$ 上の点(1、3)における接線の方程式を求めましょう。

10点

↩75ページ 3

$y=$

7 曲線 $y=x^3+2x+16$ の接線が、曲線上にない点(0、0)を通るとき、接線の方程式を求めましょう。

10点

↩77ページ 2

$y=$

数学の小話

駅ナンバリングって何？

電車を利用したとき、駅に番号がついているのを見たことがありませんか。これは、アルファベットと番号を組み合わせたもので、「駅ナンバリング」とよばれています。通常、駅の名前は、右のように、漢字と平仮名、ローマ字で併記されることが多いのですが、日本の駅名は長いことが多く、外国

新宿
しんじゅく
Shinjuku

人にはわかりにくいということで、「駅ナンバリング」を採用して、よりわかりやすく表記することにしました。例えば、JR東日本の山手線の新宿駅では、「JY17」、東海道線の横浜駅は、「JT05」などです。現在では、JR、私鉄、地下鉄など、多くの路線で「駅ナンバリング」が採用されています。

38 日目 ３次関数のグラフをかこう！①

ポイント

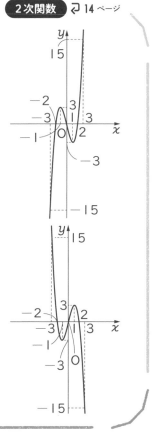

２次関数 ⤴ 14 ページ

３次関数のグラフ：x の３次式で表される関数が３次関数だよ。y が x の３次関数のとき、４つの定数 a、b、c、d を用いて、$y=ax^3+bx^2+cx+d$ と表されるんだ。

７日目で学んだ２次関数のグラフをかく要領で、例えば、$y=x(x-2)(x+2)(=x^3-4x)$ のグラフを、下の x の値に対する y の値の表をもとにかくと、右の図のようになるよ。

x	-3	-2	-1	0	1	2	3
y	-15	0	3	0	-3	0	15

同様に、$y=-x(x-2)(x+2)(=-x^3+4x)$ のグラフは、右の図のようになるよ。

この２つの例から、３次関数のグラフは山と谷をもち、両端が正と負の両方向に限りなく伸びる曲線になるんだ。グラフの形は、x^3 の係数の正負で決まるよ。つまり、$a>0$ なら右肩上がりのグラフ、$a<0$ なら右肩下がりのグラフになるよ。

---

1 表の x の値に対する y の値を求めて、次の３次関数のグラフをなぞりましょう。

1問　10点

(1) $y=x(x+3)(x-2)$

x	-3	-2	-1	0	1	2
y						

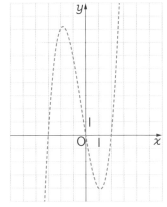

(2) $y=-x(x+3)(x-2)$

x	-3	-2	-1	0	1	2
y						

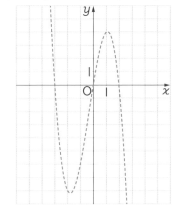

2 表のxの値に対するyの値を求めて、次の3次関数のグラフをかきましょう。

1問　20点

(1) $y=x(x+1)(x-3)$

x	-2	-1	0	1	2	3
y						

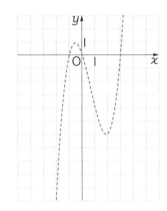

(2) $y=-x(x+1)(x-3)$

x	-2	-1	0	1	2	3
y						

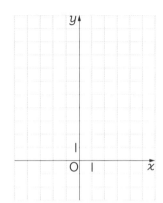

(3) $y=(x+1)(x-2)(x-3)$

x	-1	0	1	2	3	4
y						

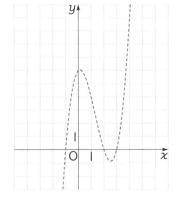

(4) $y=-(x+1)(x-2)(x-3)$

x	-1	0	1	2	3	4
y						

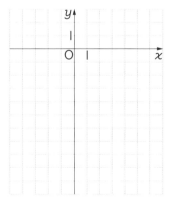

3次関数のグラフをかこう！②

3次関数のグラフのかき方：38日目では、$y=(x-p)(x-q)(x-r)$ のような、因数分解された3次式のグラフを考えたね。

一般の3次式 $y=ax^3+bx^2+cx+d$ のグラフをかくには、3次式を因数分解するといいよ。3次式を因数分解するには、次の因数定理を使うんだ。

因数定理：多項式 $P(x)$ が、1次式 $x-\alpha$ で割り切れるとき、$P(\alpha)=0$ が成り立つ。

この定理を使うと、多項式 $P(x)$ において、$P(\alpha)=0$ となる α を見つけられれば、$P(x)$ が1次式 $x-\alpha$ で割り切れるので、$P(x)=(x-\alpha)Q(x)$ のように因数分解できるよ。そして、$Q(x)$ がさらに因数分解できるかを考えればいいね。

---

1 次の式を因数分解しましょう。

1問 **10点**

例 $f(x)=x^3-7x-6$ とおくと、
$f(-1)=(-1)^3-7\cdot(-1)-6=0$
であるから、
$f(x)$ は $x+1$ で割り切れる。
右のように割り算をすると、
$f(x)=(x+1)(x^2-x-6)$
$\quad\ =(x+1)(x+2)(x-3)$

← 定数項 -6 の約数
$(\pm1、\ \pm2、\ \pm3、\ \pm6)$ を順次代入し、$f(\alpha)=0$ となる α を見つける。

← さらに、x^2-x-6 を因数分解する。

$$
\begin{array}{r}
x^2-x-6 \\
x+1 \overline{)\ x^3-7x-6} \\
\underline{x^3+x^2} \\
-x^2-7x \\
\underline{-x^2-\ x} \\
-6x-6 \\
\underline{-6x-6} \\
0
\end{array}
$$

(1) x^3-6x+9

(2) $4x^3+x+5$

(3) x^3+2x^2-5x-6

(4) $3x^3+x^2-6x+8$

2 3次関数 $y=x^3-3x+2$ について、次の問題に答えましょう。　1問　15点

(1) x^3-3x+2 を因数分解しましょう。

(2) 表の x の値に対する y の値を求めて、3次関数 $y=x^3-3x+2$ のグラフをかきましょう。

x	-2	-1	0	1	2
y					

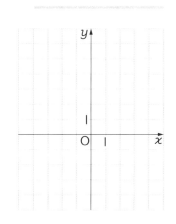

3 3次関数 $y=-x^3+3x^2-4$ について、次の問題に答えましょう。　1問　15点

(1) $-x^3+3x^2-4$ を因数分解しましょう。

(2) 表の x の値に対する y の値を求めて、3次関数 $y=-x^3+3x^2-4$ のグラフをかきましょう。

x	-2	-1	0	1	2
y					

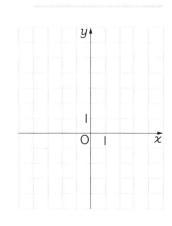

40日目 関数の増減を調べよう!

ポイント

接線の傾き ⤴68ページ

関数の増減：関数 $y=f(x)$ のグラフと $x=a$、$x=b$ における接線が、右の図のようになっているとき、$x=a$ のところの接線は右下がり、$x=b$ のところの接線は右上がりになっているね。

つまり、接線の傾き $f'(a)<0$ ならば $f(x)$ は減少、$f'(a)>0$ ならば $f(x)$ は増加しているんだ。x の不等式で表されたある区間で、つねに $f'(x)<0$ ならば $f(x)$ はその区間で減少、$f'(x)>0$ ならば $f(x)$ はその区間で増加しているんだ。

増減表のつくり方：$f'(x)$ の符号の変化と $f(x)$ の増減の様子を示す右のような表を、増減表というよ。例えば、

x	$\cdots$	0	$\cdots$	1	$\cdots$
$f'(x)$		$+$	0	$-$	0	$+$
$f(x)$		↗	0	↘	$-\dfrac{1}{2}$	↗

$f(x)=x^3-\dfrac{3}{2}x^2$ のとき、$f'(x)=3x^2-3x=3x(x-1)$ より、$f'(x)<0$ をみたす x の値の範囲は $0<x<1$、$f'(x)>0$ をみたす x の値の範囲は $x<0$、$1<x$ になるね。だから、増減表の x の行には、$f'(x)=0$ の解 $x=0$、1 を書き、$f'(x)$ の行には $x<0$、$1<x$ に対応する部分には「$+$」、$0<x<1$ に対応する部分には「$-$」を入れるんだ。そして、$f(x)$ の行には、$f'(x)$ が $+$ のときは、増加を意味する「↗」、$f'(x)$ が $-$ のときは、減少を意味する「↘」を入れるんだ。よって、増減表から、$f(x)$ は、$x<0$、$1<x$ で増加し、$0<x<1$ で減少することがわかるね。

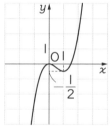

---

1 次の関数について、①増減表をつくり、②増減を答えましょう。　　1問　10点

(1) $f(x)=\dfrac{1}{2}x^2-3x-2$

x	$\cdots$		$\cdots$	
① $f'(x)$				
$f(x)$				

(2) $f(x)=x^3-2x^2+x$

x	$\cdots$		$\cdots$		$\cdots$
① $f'(x)$					
$f(x)$					

② 　　　　で増加し、　　　　で減少する　② 　　　　で増加し、　　　　で減少する

2 次の関数について、①増減表をつくり、②グラフをかきましょう。　　1問　15点

例　$y=\dfrac{1}{3}x^3-x+\dfrac{1}{3}$ において、$y'=x^2-1=(x+1)(x-1)$

$y'=0$ の解は、$x=-1$、1

y の増減表は、次のようになる。

x	$\cdots$	-1	$\cdots$	1	$\cdots$
y'	$+$	0	$-$	0	$+$
y	↗	1	↘	$-\dfrac{1}{3}$	↗

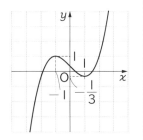

グラフは、右の図のようになる。

(1) $y=-\dfrac{1}{2}x^2+3x-\dfrac{3}{2}$

①

x	$\cdots$		$\cdots$
y'			
y			

②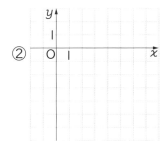

(2) $y=-x^3+3x+1$

①

x	$\cdots$		$\cdots$		$\cdots$
y'					
y					

②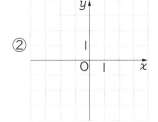

極値を求めよう！

増加、減少 ↩ 84 ページ

極値：関数 $f(x)$ の値が、$x=a$ を境として、増加から減少へと変わるとき、$f(a)$ を極大値といい、また、関数 $f(x)$ の値が、$x=b$ を境として、減少から増加へと変わるとき、$f(b)$ を極小値というよ。極大値と極小値を合わせて極値というんだ。

極値の求め方：極値を与える x の値は、$f'(x)=0$ を解き、増減表をつくって、増減表から極大値か、極小値かを判断するよ。例えば、増減表が右のようになったとき、$x=\alpha$ に対応する $f(x)$ の値 $f(\alpha)$ が極大値、$x=\beta$ に対応する $f(x)$ の値 $f(\beta)$ が極小値になるよ。関数によって、極大値や極小値が複数あったり、逆に極大値や極小値が1つもない場合もあるんだ。

x	$\cdots$	α	$\cdots$	β	$\cdots$
$f'(x)$	$+$	0	$-$	0	$+$
$f(x)$	↗	極大	↘	極小	↗

---

1 次の関数について、増減表をつくり、極大値、極小値を求めましょう。極大値や極小値が存在しない場合は、「ない」と答えましょう。

1問　20点

(1) $f(x)=\dfrac{1}{2}x^2-3x+\dfrac{1}{2}$

x	$\cdots$		$\cdots$
$f'(x)$			
$f(x)$			

(2) $f(x)=\dfrac{1}{3}x^3-x^2-3x+1$

x	$\cdots$		$\cdots$		$\cdots$
$f'(x)$					
$f(x)$					

極大値

極小値

極大値

極小値

ポイント

 3次関数が極値をもつための条件：3次関数 $f(x)$ が $x=\alpha$ で極値をもつための条件は、$f'(\alpha)=0$ となる α が存在し、$x=\alpha$ を境目にして $f'(x)$ の符号が（正から負へ、または負から正へ）変化することだよ。ここで $f(x)$ は3次関数なので、$f'(x)$ は2次関数となるよ。$f'(x)$ の符号が変わるのは、例えば、$y=f'(x)$ のグラフが右の図のようになるときだよ。22日目で学んだように、$y=f'(x)$ のグラフと x 軸の共有点が2個のときで、2次方程式 $f'(x)=0$ の判別式Dが正のときだよ。

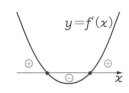

2 3次関数 $f(x)=x^3+3ax^2+12x+1$ が極大値と極小値をもつような定数 a の値の範囲を求めましょう。　　　　　**20点**

例 3次関数 $f(x)=2x^3+ax^2+ax$ が極大値と極小値をもつような条件は、$f'(x)$ の符号が変化することである。$f'(x)$ は2次関数で、$f'(x)$ の符号が変わるのは、2次方程式 $f'(x)=0$ の判別式Dが正のときである。$f'(x)=6x^2+2ax+a$ より、
D$=(2a)^2-4\cdot6\cdot a=4a^2-24a=4a(a-6)$
D>0 となるのは、$4a(a-6)>0$ のときで、求める条件は、$a<0$、$6<a$

3 関数 $f(x)=\dfrac{1}{4}x^4-x^3$ について、次の問題に答えましょう。　　　**1問　20点**

(1) $f(x)$ の増減表をつくり、関数 $y=f(x)$ のグラフをかきましょう。

x	$\cdots$		$\cdots$		$\cdots$	
$f'(x)$						
$f(x)$						

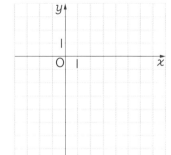

(2) $f(x)$ の極大値、極小値を求めましょう。極大値や極小値が存在しない場合は、「ない」と答えましょう。

極大値　　　　　　　　　　　　極小値

42 日目

最大値・最小値を求めよう！

 💡 ポイント ─────────────────────────────────── 極値 ⤴ 86ページ

最大値・最小値の求め方：関数の最大値や最小値は、増減を調べることで得られる極値と、区間の端での値を比較して求めることができるんだ。例えば、関数 $y=f(x)$ のグラフが右の図のようになるとき、区間 $a \leqq x \leqq b$ において、極小値より $f(a)$ の値の方が小さく、極大値より $f(b)$ の値の方が大きいので、$f(a)$ が最小値、$f(b)$ が最大値となるよ。また、区間が $a<x<b$ の場合は、端点を含まないので、最小値も最大値もないことに注意しよう。

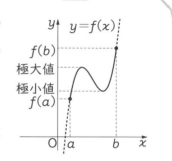

1 次の2次関数について、増減表をつくり、（ ）内の範囲で、最大値、最小値を求めましょう。最大値や最小値が存在しない場合は、「ない」と答えましょう。

1問　15点

(1) $y=x^2-6x+1$ $(0 \leqq x \leqq 4)$

x	0	$\cdots$		$\cdots$	4
y'					
y					

最大値

最小値

(2) $y=-3x^2+12x+5$ $(1 \leqq x \leqq 5)$

x	1	$\cdots$		$\cdots$	5
y'					
y					

最大値

最小値

(3) $y=\dfrac{1}{2}x^2-x+\dfrac{5}{2}$ $(0<x<2)$

x	0	$\cdots$		$\cdots$	2
y'					
y					

最大値

最小値

2 次の３次関数について、増減表をつくり、（　）内の範囲で、最大値、最小値を求めましょう。最大値や最小値が存在しない場合は、「ない」と答えましょう。

(1)、(3)は**1問　20点**、(2)は**15点**

(1) $y=\dfrac{1}{3}x^3-\dfrac{3}{2}x^2+2x+1$ $(0\leqq x\leqq 3)$

x	0	…		…		…	3
y'							
y							

最大値

最小値

(2) $y=-x^3+3x^2+2$ $(-1\leqq x\leqq 3)$

x	-1	…		…		…	3
y'							
y							

最大値

最小値

(3) $y=\dfrac{1}{3}x^3-2x^2+3x+1$ $(-1<x<5)$

x	-1	…		…		…	5
y'							
y							

最大値

最小値

43日目 最大値・最小値を利用して身近な問題を解いてみよう！

💡 **ポイント**

文章題の解き方：最大値・最小値を用いる場合の文章題は、次の手順で解くことができるよ。

① 最大値・最小値を求めたいものをx、問題となっているものをyとして、与えられた条件から、yをxの式で表します。

② ①でつくったyの式をxで微分して、増減表をつくり、増減を調べます。

③ ②でつくった増減表より、問題の意味にあうような適切な答えを導きます。問題の条件により、xのとりうる値の範囲に制限がある場合があるので、注意しよう。

---

1 右の図のような、縦の長さが10cm、横の長さが16cmの長方形の厚紙があります。今、この四隅から1辺の長さが$x$cmの同じ大きさの正方形を切り取って、その残りを折り曲げ、底面が長方形で、高さが$x$cmのふたのない箱を作ります。この箱の容積を$y$cm³とするとき、次の問題に答えましょう。　1問　10点

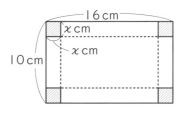

(1) 箱の底面の長方形の縦の長さと横の長さを、それぞれxを用いて表しましょう。

縦 _____

横 _____

(2) yをxの式で表しましょう。また、xのとりうる値の範囲を不等式で表しましょう。

$y=$ _____

xの範囲 _____

(3) yの増減表をつくりましょう。

x		…		…	
y'					
y					

(4) yの最大値と、そのときのxの値を求めましょう。

yの最大値 _____

$x=$ _____

2 右の図のような、底面の半径が$x$cm、高さが$h$cm、体積が$y$cm^3 の円柱があります。この円柱の表面積が72πcm^{2}であるとき、次 の問題に答えましょう。ただし、円周率はπとします。　**1問　12点**

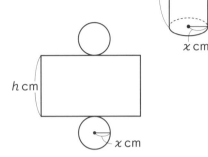

(1) 側面の長方形の横の長さを、xを用いて表しましょう。

(2) 表面積＝底面積×2＋側面積 であることを用いて、hをxの式で表しましょう。

$$h=\underline{\hspace{4cm}}$$

(3) yをxの式で表しましょう。また、xのとりうる値の範囲を不等式で表しましょう。

$$y=\underline{\hspace{4cm}}$$

xの範囲 $\underline{\hspace{4cm}}$

(4) yの増減表をつくりましょう。

x		$\cdots$		$\cdots$	
y'					
y					

(5) yの最大値と、そのときのxの値を求めましょう。

yの最大値 $\underline{\hspace{3cm}}$

$$x=\underline{\hspace{3cm}}$$

44 日目 方程式の実数解の個数を求めよう！

💡 **ポイント** ——————————————————— **因数定理** ↪82ページ

実数解の個数の求め方：39日目で学んだように、3次方程式を解こうとすると、因数定理を使って、とりあえず1つの解を見つける必要があったね。だけど、実数解の個数を求めるだけなら、3次関数の極大値と極小値の符号を調べればわかるんだ。例えば、極大値と極小値の符号が下の図1、図2、図3、図4のようになれば、実数解の個数はそれぞれ1個、2個、2個、3個と判断するんだよ。

図1 実数解1個

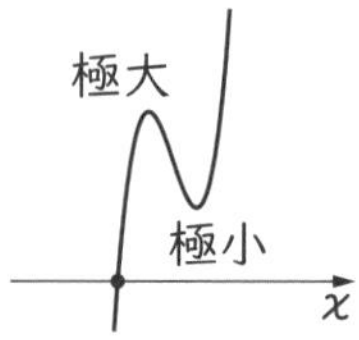

極大値>0、極小値>0

図2 実数解2個

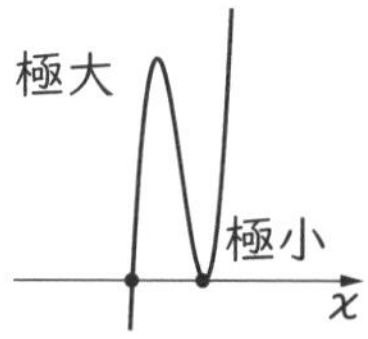

極大値>0、極小値=0

図3 実数解2個

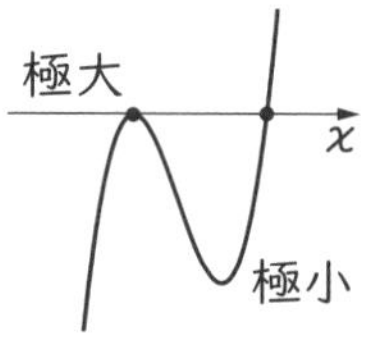

極大値=0、極小値<0

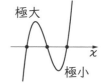

図4 実数解3個

極大値>0、極小値<0

1 関数 $f(x)=\dfrac{1}{3}x^3-x^2-3x$ について、次の問題に答えましょう。　　1問　10点

(1) 増減表をつくり、$y=f(x)$ のグラフをかきましょう。

x	$\cdots$		$\cdots$		$\cdots$
$f'(x)$					
$f(x)$					

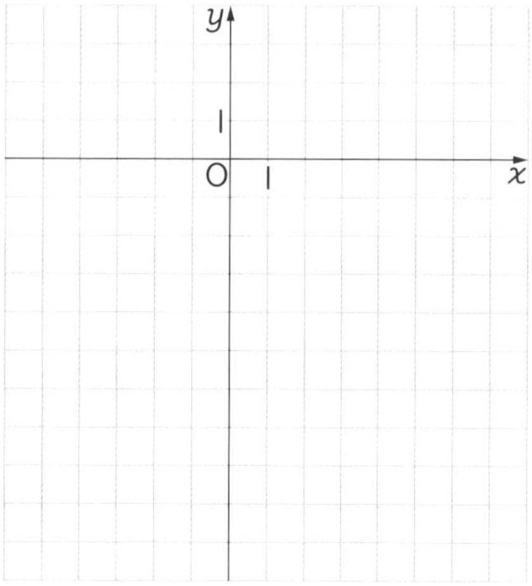

(2) 極値を求めましょう。

極大値

極小値

(3) 3次方程式 $f(x)=0$ の実数解の個数を求めましょう。

個

2 関数 $f(x)=x^3-3x+1$ について、次の問題に答えましょう。　　1問　15点

(1) 増減表をつくり、極値を求めましょう。

x	$\cdots$		$\cdots$		$\cdots$
$f'(x)$					
$f(x)$					

極大値

極小値

(2) 3次方程式 $f(x)=0$ の実数解の個数を求めましょう。

個

3 関数 $f(x)=x^3+4x^2+4x$ について、次の問題に答えましょう。　　1問　20点

(1) 増減表をつくり、極値を求めましょう。

x	$\cdots$		$\cdots$		$\cdots$
$f'(x)$					
$f(x)$					

極大値

極小値

(2) 3次方程式 $f(x)=0$ の実数解の個数を求めましょう。

個

1 次の関数について、増減表をつくり、グラフをかきましょう。

1問 20点
⤴85ページ 2

(1) $y=x^2+4x-3$

x	$\cdots$		$\cdots$
y'			
y			

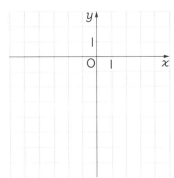

(2) $y=\dfrac{1}{3}x^3-x^2-3x+2$

x	$\cdots$		$\cdots$		$\cdots$
y'					
y					

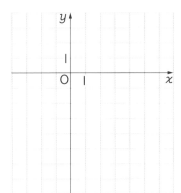

2 関数 $f(x)=x^3-3x^2$ について、増減表をつくり、極大値、極小値を求めましょう。極大値や極小値が存在しない場合は、「ない」と答えましょう。

20点
⤴86ページ 1

x	$\cdots$		$\cdots$		$\cdots$
$f'(x)$					
$f(x)$					

極大値 _____

極小値 _____

点

3 右の図のような、半径が3cmの球に、底面の半径が$r$cm、高さが$2x$cmの円柱がちょうどぴったり入っています。この円柱の体積を$y$cm³とするとき、次の問題に答えましょう。ただし、円周率はπとします。

1問　10点

↩91ページ 2

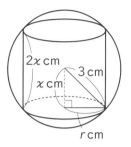

(1) rをxの式で表しましょう。

$$r=$$

(2) yをxの式で表しましょう。また、xのとりうる値の範囲を不等式で表しましょう。

$$y=\qquad x\text{の範囲}$$

(3) yの増減表をつくりましょう。

x		$\cdots$		$\cdots$	
y'					
y					

(4) yの最大値と、そのときのxの値を求めましょう。

$$y\text{の最大値}$$
$$x=$$

〜 〈数学の小話〉 〜〜〜〜〜〜〜〜〜〜〜〜〜〜〜〜〜〜〜〜〜〜〜

ピラミッドの形はどうやって作られたの？

約5000年前に作られたエジプトのピラミッドは、正四角錐の形をしていることはよく知られています。当時の人はどのようにして巨大な正方形や直角の角を作り上げたのでしょうか。古代エジプト人は、3辺が3、4、5である三角形は直角三角形であ

ることを知っており、「縄張り師」とよばれる測量技師が、等間隔に結び目がついた縄を使って、3、4、5の三角形で直角の角を作り上げたそうです。5000年も前のエジプト人が、数学の知識を用いていたとは、壮大なロマンを感じさせますね。

46日目 不定積分って何？

微分する ⤶ 72 ページ

ポイント

原始関数：x で微分すると $f(x)$ になる関数のことを、$f(x)$ の原始関数というよ。例えば、x^2、x^2+1、x^2-3 などは、微分するといずれも $2x$ になるから、x^2、x^2+1、x^2-3 はすべて $2x$ の原始関数なんだ。

不定積分：関数 $F(x)$ が $f(x)$ の原始関数のとき、定数 C を用いて、$F(x)+C$ と表される関数は、すべて $f(x)$ の原始関数といえるんだ。このとき、$F(x)+C$ を $f(x)$ の不定積分といい、$\displaystyle\int f(x)dx=F(x)+C$（C は積分定数）と表すんだ。

$$\xrightarrow{\text{積分}}$$
$$\int f(x)dx=F(x)+C$$
$$\xleftarrow{\text{微分}}$$

不定積分を求めるときは、「＋C」を書き忘れないようにしよう。また、「C は積分定数」というただし書きは省略することがあるよ。

x^n の不定積分：34日目に学んだ $(x^n)'=nx^{n-1}$ という微分の公式を、積分の公式として書きなおせば、$\displaystyle\int nx^{n-1}dx=x^n+C$ という形になるよ。ただし、積分の公式としては、n を $n+1$ でおきかえた、$\displaystyle\int x^n dx=\frac{1}{n+1}x^{n+1}+C$ という形を使うよ。

---

1 次の関数 $f(x)$ の原始関数を、下のア～オの中からすべて選び、記号で答えましょう。

1問　20点

(1) $f(x)=6x$

ア $3x^2$　　　　　イ $2x^3$　　　　　ウ x^3　　　　　エ $2x^3+2$　　　　　オ $3x^2-1$

(2) $f(x)=x^2-2x+1$

ア $2x-2$　　　イ $(x-1)^2$　　　ウ $\dfrac{1}{3}x^3-x^2+x$　　　エ $\dfrac{1}{3}(x-1)^3$　　　オ $\dfrac{1}{3}x^3+x^2-2x$

ポイント

不定積分の公式：関数 $f(x)$、$g(x)$ の原始関数をそれぞれ F(x)、G(x) とすると、F′(x)＝$f(x)$、G′(x)＝$g(x)$ が成り立ち、k を定数とするとき、次のことが成り立つよ。

① $\int kf(x)dx=k\int f(x)dx=k\mathrm{F}(x)+\mathrm{C}$ （Cは積分定数）

② $\int \{f(x)+g(x)\}dx=\int f(x)dx+\int g(x)dx=\mathrm{F}(x)+\mathrm{G}(x)+\mathrm{C}$ （Cは積分定数）

③ $\int \{f(x)-g(x)\}dx=\int f(x)dx-\int g(x)dx=\mathrm{F}(x)-\mathrm{G}(x)+\mathrm{C}$ （Cは積分定数）

2 次の不定積分を求めましょう。　　　　　　　　　　1問　10点

例 $f(x)=x^2$、$g(x)=x-3$ のとき、

$\int f(x)dx=\int x^2dx=\dfrac{1}{3}x^3+\mathrm{C}$　（Cは積分定数）

$\int g(x)dx=\int (x-3)dx=\int xdx+\int (-3)dx=\int xdx-3\int 1dx=\dfrac{1}{2}x^2-3x+\mathrm{C}$

（Cは積分定数）

(1) $\int 3x^2dx$

(2) $\int (x-2)dx$

(3) $\int (x^2-2x+3)dx$

(4) $\int (6x^2+8x+1)dx$

(5) $\int (2x^2-1)dx$

(6) $\int (x^2+x+1)dx$

不定積分を求めよう!

ポイント

積の形の関数の積分：積分したい関数の式が、因数分解された形になっているときは、展開してから積分するよ。積の形のそれぞれを積分してから掛けるという計算は間違いだよ。

$$\int(x+1)(x-2)dx=\int(x^2-x-2)dx=\frac{1}{3}x^3-\frac{1}{2}x^2-2x+C\cdots\bigcirc$$

$$\int(x+1)(x-2)dx=\left(\frac{1}{2}x^2+x\right)\left(\frac{1}{2}x^2-2x\right)+C=\frac{1}{4}x^4-\frac{1}{2}x^3-2x^2+C\cdots\times$$

積分定数の決定：不定積分は、積分定数Cを用いて表されるけど、例えば、グラフが原点を通るとか、点(1、1)を通るなどの条件が加われば、積分定数Cの値を決定することができるよ。

1 次の不定積分を求めましょう。

1問　10点

(1) $\int x(x+2)dx$

(2) $\int(x+1)(x-1)dx$

(3) $\int(x-1)^2dx$

(4) $\int(x-1)(3x+1)dx$

(5) $\int(3x-2)^2dx$

(6) $\int(2x-1)(x+4)dx$

2 次の関数 $f(x)$ を求めましょう。　　　　　　　　　　　　1問　10点

例 $f'(x)=3x^2-4x+1$ で、$f(2)=1$ をみたす関数 $f(x)$ は、

$f(x)=\int f'(x)dx=\int(3x^2-4x+1)dx=x^3-2x^2+x+C$

$f(2)=8-8+2+C=1$ より、$C=-1$ となるので、$f(x)=x^3-2x^2+x-1$

(1) $f'(x)=-2x+3$ で、$f(1)=0$ をみたす関数 $f(x)$

$$f(x)=$$

(2) $f'(x)=(x-1)^2$ で、$f(0)=1$ をみたす関数 $f(x)$

$$f(x)=$$

(3) $f'(x)=-x$ で、$y=f(x)$ のグラフが点 $(0、-1)$ を通る関数 $f(x)$

$$f(x)=$$

(4) $f'(x)=x^2+2x$ で、$y=f(x)$ のグラフが点 $(1、1)$ を通る関数 $f(x)$

$$f(x)=$$

定積分を求めよう！①

不定積分 ⤶ 96 ページ

ポイント

定積分：$f(x)$ の不定積分を $F(x)+C$ とすると、$F(b)-F(a)$ の値は、積分定数 C に関係なく定まり、この値のことを $f(x)$ の $x=a$ から $x=b$ までの定積分というんだ。このことを、

$$\int_a^b f(x)dx=\Big[F(x)\Big]_a^b=F(b)-F(a)$$

のように書くよ。

---

1 次の定積分を求めましょう。　　　　　　　　　　　　1問　10点

例
$$\int_0^1 2x\,dx=\Big[x^2\Big]_0^1=1^2-0^2=1$$

$$\int_1^2 (4x^3-3)dx=\Big[x^4-3x\Big]_1^2=(2^4-3\cdot2)-(1^4-3\cdot1)=12$$

$$\int_{-3}^3 (x-1)^2dx=\int_{-3}^3 (x^2-2x+1)dx=\Big[\frac{1}{3}x^3-x^2+x\Big]_{-3}^3$$
$$=\Big(\frac{1}{3}\cdot3^3-3^2+3\Big)-\Big\{\frac{1}{3}\cdot(-3)^3-(-3)^2-3\Big\}=24$$

(1) $\displaystyle\int_0^1 x^2dx$

(2) $\displaystyle\int_1^3 (2x+1)dx$

(3) $\displaystyle\int_{-1}^2 (3x^2+2x+1)dx$

(4) $\displaystyle\int_{-2}^2 (x+1)^2dx$

(5) $\displaystyle\int_3^0 (4x-1)dx$

(6) $\displaystyle\int_2^3 (-x^2+1)dx$

(7) $\displaystyle\int_{-1}^2 (x+1)(x-2)dx$

(8) $\displaystyle\int_0^3 (x-3)^2 dx$

(9) $\displaystyle\int_{-1}^3 (6x^2-2x+1)dx$

(10) $\displaystyle\int_0^a (x^2+ax+a^2)dx$ （a は定数）

定積分を求めよう！②

💡 **ポイント**

定積分の和・差・積：積分する区間が同じ２つの定積分の和や差は、１つの定積分にまとめられるよ。つまり、

$$\int_a^b f(x)dx + \int_a^b g(x)dx = \int_a^b \{f(x)+g(x)\}dx$$

$$\int_a^b f(x)dx - \int_a^b g(x)dx = \int_a^b \{f(x)-g(x)\}dx$$

が成り立つんだ。また、定数 k を用いて $kf(x)$ と表される関数の定積分は、$f(x)$ の定積分を求めてから k 倍してもいいんだ。つまり、

$$\int_a^b kf(x)dx = k\int_a^b f(x)dx$$

が成り立つんだ。

---

1 $\int_a^b f(x)dx=2$、$\int_a^b g(x)dx=3$ のとき、次の定積分を求めましょう。　**1問　8点**

(1) $\int_a^b 3f(x)dx$

(2) $\int_a^b \{2f(x)-3g(x)\}dx$

---

2 次の定積分を求めましょう。　**1問　14点**

例

$$\int_0^1 (2x^2-3x+1)dx + \int_0^1 (x^2+3x-2)dx$$
$$=\int_0^1 \{(2x^2-3x+1)+(x^2+3x-2)\}dx = \int_0^1 (3x^2-1)dx$$
$$=[x^3-x]_0^1 = (1^3-1)-(0^3-0) = 0$$

(1) $\int_{-1}^2 (3x^2+x-2)dx - \int_{-1}^2 (3x^2-x+2)dx$

(2) $2\displaystyle\int_{1}^{2}(x+3)dx - 3\int_{1}^{2}(x^2-x+2)dx$

(3) $\displaystyle\int_{-1}^{2}(x^2+x)dx - \int_{-1}^{2}(2x+1)dx - \int_{-1}^{2}(x^2-x-2)dx$

(4) $3\displaystyle\int_{0}^{1}(x^2-x+1)dx - \int_{0}^{1}(x+3)dx$

(5) $\displaystyle\int_{-2}^{2}(3x^2+2x+1)dx - \int_{-2}^{2}(x-2)dx$

(6) $\displaystyle\int_{1}^{a}(x^2+ax+a^2)dx + \int_{1}^{a}(x-a)(3x+a)dx$ （a は定数）

50日目 定積分を求めよう！③

ポイント

積分する区間の統合：同じ関数について、a から b までの定積分と b から c までの定積分の和は、a から c までの定積分にまとめることができるよ。つまり、

$$\int_a^b f(x)dx + \int_b^c f(x)dx = \int_a^c f(x)dx$$

が成り立つんだ。

積分する区間の入れかえ：積分する区間の上下を入れかえると、符号が逆になるよ。つまり、

$$\int_a^b f(x)dx = -\int_b^a f(x)dx$$

が成り立つんだ。

偶関数と奇関数：積分する区間が $-a$ から a までの場合、x^n の定積分は、n が奇数のとき（奇関数）は、計算するまでもなく0になるよ。また、n が偶数のとき（偶関数）は、0から a までの定積分の2倍になるよ。つまり、

$$\int_{-a}^a x^n dx = \begin{cases} 0 & （n が奇数のとき） \\ 2\int_0^a x^n dx & （n が偶数のとき） \end{cases}$$

が成り立つんだ。

---

1 次の定積分を求めましょう。　　　　　(1)〜(4)は**1問　10点**、(5)〜(8)は**1問　15点**

(1) $\displaystyle\int_0^1 x^2 dx + \int_1^2 x^2 dx$

(2) $\displaystyle\int_{-1}^2 (x-1)dx + \int_2^5 (x-1)dx$

(3) $\displaystyle\int_2^3 (x^2-7x+1)dx + \int_3^2 (x^2-7x+1)dx$

(4) $\displaystyle\int_1^3(x^2-3x+2)dx-\int_2^3(x^2-3x+2)dx$

(5) $\displaystyle\int_{-2}^2(3x^2-x+1)dx$

(6) $\displaystyle\int_{-1}^1(x^2-x+1)dx+\int_1^2(x^2-x+1)dx+\int_2^3(x^2-x+1)dx$

(7) $\displaystyle\int_{-2}^1 x(x-1)dx+\int_{-2}^1 x(x+1)dx$

(8) $\displaystyle\int_{-1}^1(3x^2-1)dx-\int_2^1(3x^2-1)dx+\int_2^3 3x^2dx$

51日目 定積分と微分の関係を利用しよう！

微分する ⤳ 72ページ

ポイント

定積分と微分の関係：a を定数とすると、$\displaystyle\int_a^x f(t)dt$ は、x の関数で、

$\displaystyle\int f(x)dx=F(x)+C$ のとき、$\displaystyle\int_a^x f(t)dt=F(x)-F(a)$ が成り立つよ。

この式の両辺を x で微分すると、$F(a)$ は定数なので、微分したら 0 となり、

$\left(\displaystyle\int_a^x f(t)dt\right)'=F'(x)=f(x)$

が成り立つんだ。

1 次の関数 $f(x)$ を、x で微分しましょう。　　　　　　　　　1問　10点

例
$f(x)=\displaystyle\int_0^x (4t^2-2t+5)dt$ のとき、

$f'(x)=4x^2-2x+5$

$g(x)=\displaystyle\int_x^1 (-t^3+6t^2-9t)dt$ のとき、

$g(x)=-\displaystyle\int_1^x (-t^3+6t^2-9t)dt=\int_1^x (t^3-6t^2+9t)dt$ だから、

$g'(x)=x^3-6x^2+9x$

(1) $f(x)=\displaystyle\int_1^x (t^2+3t+4)dt$

(2) $f(x)=\displaystyle\int_{-1}^x (2t+3)dt$

$f'(x)=$　　　　　　　　　　　　　$f'(x)=$

(3) $f(x)=\displaystyle\int_a^x (3t-1)dt$ (a は定数)

(4) $f(x)=\displaystyle\int_x^1 (t^2-t)dt$

$f'(x)=$　　　　　　　　　　　　　$f'(x)=$

2 $\int_{-1}^{x} f(t)dt = x^2 - x + a$ …① が成り立つ関数 $f(x)$ について、次の問題に答えましょう。

1問　15点

例 $\int_{1}^{x} f(t)dt = x^2 + ax + 1$ …① が成り立つ関数 $f(x)$ と定数 a の値を求める。

①の両辺を x で微分すると、$f(x) = 2x + a$ …②

①の両辺に $x = 1$ を代入すると、左辺 $= \int_{1}^{1} f(t)dt = 0$、右辺 $= 2 + a$ となるから、

$0 = 2 + a$ より、$a = -2$　　これを②に代入すると、$f(x) = 2x - 2$

(1) ①の両辺を x で微分することにより、関数 $f(x)$ を求めましょう。

$f(x) =$

(2) ①の両辺に $x = -1$ を代入することにより、定数 a の値を求めましょう。

$a =$

3 $\int_{a}^{x} f(t)dt = x^2 + x - 6$ …① が成り立つ関数 $f(x)$ について、次の問題に答えましょう。

1問　15点

(1) ①の両辺を x で微分することにより、関数 $f(x)$ を求めましょう。

$f(x) =$

(2) ①の両辺に $x = a$ を代入することにより、定数 a の値を求めましょう。

$a =$

52日目  確認問題⑦

1 次の不定積分を求めましょう。

1問　10点
↩97 ページ **2**

(1) $\displaystyle\int(2x+3)dx$

(2) $\displaystyle\int(6x^2-8x+2)dx$

2 $f'(x)=3x^2+2x+1$ で、$f(1)=2$ をみたす $f(x)$ を求めましょう。

10点
↩99 ページ **2**

$$f(x)=$$

3 次の定積分を求めましょう。

1問　10点
↩100 ページ **1**

(1) $\displaystyle\int_{-2}^{1}(2x^2-4x+1)dx$

(2) $\displaystyle\int_{1}^{3}(x-1)(x-3)dx$

4 次の定積分を求めましょう。

1問　10点
↩102 ページ **2**

(1) $\displaystyle\int_{2}^{1}(x^2+1)dx-\int_{3}^{1}(x^2+1)dx$

(2) $\displaystyle2\int_{-1}^{3}(2x^2+x-1)dx-\int_{-1}^{3}(x^2+x)dx$

5 定積分 $\displaystyle\int_0^1 (x^2+x+1)\,dx + \int_2^3 (x^2+x+1)\,dx - \int_2^1 (x^2+x+1)\,dx$ を求めましょう。

10点

↩ 104 ページ **1**

6 $\displaystyle\int_1^x f(t)\,dt = x^2+ax-3$ …① が成り立つ関数 $f(x)$ について、次の問題に答えましょう。

1問　10点

↩ 107 ページ **2**

(1) ①の両辺を x で微分することにより、関数 $f(x)$ を定数 a を用いて表しましょう。

$$f(x)=$$

(2) ①の両辺に $x=1$ を代入することにより、定数 a の値を求めましょう。

$$a=$$

 〈数学の小話〉

ゴルフの得点にマイナスがあるのはなぜ？

ゴルフでは、18のホール（コース）があり、各ホールについて、基準の打数（パーといいます）が決められています。そして、すべてのホールの基準の打数の合計が72になるように設定されていて、基準の打数よりも多いときは正の数、少ないときは負の数で表します。例えば、「－2」は基準の打数よりも2少ないことを表し、「＋1」は基準の打数よりも1多いことを表します。

「－2」と「＋1」の選手を比べたとき、「－2」の選手は「＋1」の選手より打数が少ないので、「－2」の選手の方が、成績がよいことになります。このように、ゴルフでは、マイナスを扱った数が頻繁に登場します。過去、世界で最も成績のよかった選手の打数は55で、これは基準の打数の合計72よりも17打数少ないことを表していて、ゴルフのギネス記録に登録されています。

定積分を使って面積を求めよう！①

ポイント

曲線と x 軸ではさまれた部分の面積：$a \leqq x \leqq b$ の範囲でつねに $f(x) \geqq 0$ が成り立つとき、曲線 $y = f(x)$ と x 軸、y 軸に平行な 2 直線 $x = a$、$x = b$ で囲まれた部分の面積Sは、$S = \int_a^b f(x)dx$ で求められるんだ。

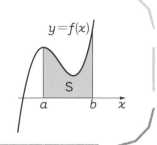

---

1 次の直線で囲まれた部分の面積Sを求めましょう。　　　　　1問　10点

例 直線 $y = 2x$、x 軸、直線 $x = 2$ で囲まれた部分の面積Sは、

$$S = \int_0^2 2x\,dx = [x^2]_0^2 = 4$$

と計算できる。これは、3点 O(0, 0)、A(2, 4)、B(2, 0)、としたときの、△OABの面積 $S = \dfrac{1}{2} \times 2 \times 4 = 4$ と一致していることが確かめられる。

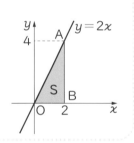

⑴ 直線 $y = 2x + 1$、x 軸、y 軸 $(x = 0)$、直線 $x = 4$

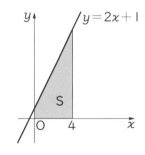

⑵ 直線 $y = -x + 4$、x 軸、直線 $x = -1$、直線 $x = 3$

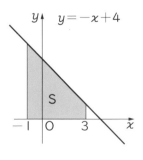

2 次の曲線、直線、x軸で囲まれた部分の面積Sを求めましょう。　　1問　20点

例 曲線 $y=x^2$、x軸、直線 $x=3$ で囲まれた部分の面積Sは、

$$S=\int_0^3 x^2 dx=\left[\frac{1}{3}x^3\right]_0^3=9$$

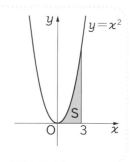

(1) 曲線 $y=x^2+5$、x軸、y軸$(x=0)$、
直線 $x=2$

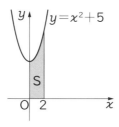

(2) 曲線 $y=3x^2+4x+2$、x軸、
直線 $x=-1$、直線 $x=1$

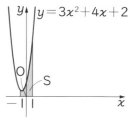

(3) 曲線 $y=-x^2+4x+6$、x軸、
直線 $x=2$、直線 $x=4$

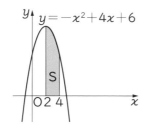

(4) 曲線 $y=\frac{1}{2}x^2-2x+7$、x軸、
直線 $x=1$、直線 $x=3$

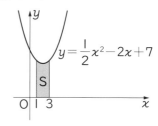

定積分を使って面積を求めよう！②

ポイント

放物線とx軸ではさまれた部分の面積：放物線 $y=ax^2+bx+c$ とx軸で囲まれた部分の面積Sは、次の手順で求められるよ。

① 2次方程式 $ax^2+bx+c=0$ を解いて、放物線とx軸との交点のx座標α、β $(\alpha<\beta)$ を求める。

② $a>0$ のときは、放物線とx軸で囲まれた部分は、x軸より下側にあるから、$S=\int_{\alpha}^{\beta}\{-(ax^2+bx+c)\}dx$ で求められるんだ。

$a<0$ のときは、$S=\int_{\alpha}^{\beta}(ax^2+bx+c)dx$ で求められるよ。

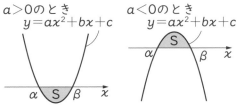

定積分の公式：$\int_{\alpha}^{\beta}(x-\alpha)(x-\beta)dx=-\dfrac{1}{6}(\beta-\alpha)^3$ という公式があるんだ。これを利用すると、放物線とx軸で囲まれた部分の面積を簡単に求めることができるよ。

---

1 放物線 $y=-x^2+x+2$ について、次の問題に答えましょう。　　1問　10点

(1) この放物線とx軸との交点のx座標を求めましょう。

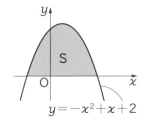

(2) この放物線とx軸で囲まれた部分の面積Sを求めましょう。

2 次の放物線と x 軸で囲まれた部分の面積Sを、

定積分の公式 $\int_{\alpha}^{\beta}(x-\alpha)(x-\beta)dx=-\dfrac{1}{6}(\beta-\alpha)^3$ を用いて求めましょう。**1問　20点**

例 放物線 $y=x^2-4$ と x 軸で囲まれた部分の面積Sを求める。

放物線 $y=x^2-4$ と x 軸との交点の x 座標は、$x^2-4=0$ を解くと、

$(x+2)(x-2)=0$　　$x=-2$、2

よって、求める面積Sは、

$S=\int_{-2}^{2}\{-(x^2-4)\}dx=-\int_{-2}^{2}(x+2)(x-2)dx$

$=\dfrac{1}{6}\{2-(-2)\}^3=\dfrac{32}{3}$

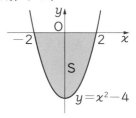

(1) $y=x^2-3x+2$

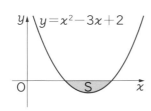

(2) $y=-x^2+2$

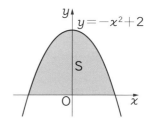

(3) $y=2x^2-5x+2$

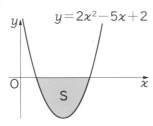

(4) $y=-3x^2+4x-1$

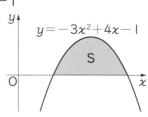

55日目 定積分を使って面積を求めよう！③

 ポイント

2曲線ではさまれた部分の面積：$a \leqq x \leqq b$ の範囲で2曲線 $y=f(x)$、$y=g(x)$ ではさまれた部分の面積は、$f(x)$ と $g(x)$ の大小を比べて、大きい方から小さい方を引いた式を積分して求めるよ。右の図の色をつけた部分の面積は、$\displaystyle\int_a^b \{f(x)-g(x)\}dx$ で求められるんだ。

また、途中で $f(x)$ と $g(x)$ の大小が入れかわるとき、範囲を分割して積分するよ。右の図の色をつけた部分の面積の和は、

$\displaystyle\int_a^c \{g(x)-f(x)\}dx + \int_c^b \{f(x)-g(x)\}dx$ で求められるんだ。

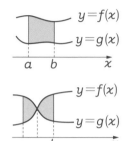

---

1 次の曲線や直線で囲まれた部分の面積Sを求めましょう。　　　　1問　15点

例 曲線 $y=x^2-4x+5$ と直線 $y=\dfrac{1}{2}x+7$、直線 $x=1$、直線 $x=4$ で囲まれた部分

の面積Sは、$1 \leqq x \leqq 4$ の範囲では、$x^2-4x+5 \leqq \dfrac{1}{2}x+7$

であるから、

$S=\displaystyle\int_1^4 \left\{\left(\dfrac{1}{2}x+7\right)-(x^2-4x+5)\right\}dx=\int_1^4 \left(-x^2+\dfrac{9}{2}x+2\right)dx$

$\quad=\left[-\dfrac{1}{3}x^3+\dfrac{9}{4}x^2+2x\right]_1^4=\dfrac{75}{4}$

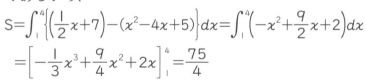

(1) 直線 $y=3x-1$、直線 $y=-x+5$、直線 $x=-1$、直線 $x=1$

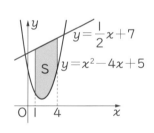

(2) 曲線 $y=x^2-2x$、直線 $y=x+1$、y軸（$x=0$）、直線 $x=2$

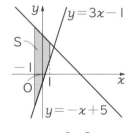

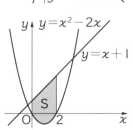

2 曲線 $y=-x^2$ と直線 $y=x-6$ について、次の問題に答えましょう。

1問　15点

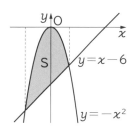

(1) この曲線と直線の交点の x 座標を求めましょう。

(2) この曲線と直線で囲まれた部分の面積Sを求めましょう。

3 曲線 $y=x^2+2x-1$ と直線 $y=2x+3$ について、次の問題に答えましょう。

1問　20点

(1) この曲線と直線の交点の x 座標を求めましょう。

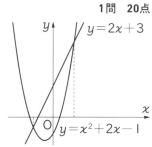

(2) 曲線 $y=x^2+2x-1$ と直線 $y=2x+3$、直線 $x=3$ で囲まれた、右の図の色をつけた部分の面積の和を求めましょう。

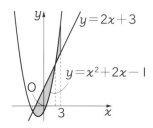

定積分を求めよう！④

ポイント

 絶対値を含む積分：絶対値について、$|a| = \begin{cases} a \ (a \geqq 0 \ のとき) \\ -a \ (a < 0 \ のとき) \end{cases}$ という関係があるんだ。積分したい式が絶対値を含む場合、この関係を用いて、積分する区間を分割して、積分の計算ができるんだ。

1 次の定積分を求めましょう。　　　　　　　　　　　　　　　　　1問　20点

例　$\int_0^2 |x-1| dx$ は、$|x-1| = \begin{cases} x-1 \ (x \geqq 1 \ のとき) \\ -(x-1) \ (x < 1 \ のとき) \end{cases}$ なので、

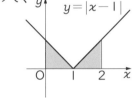

$$\int_0^2 |x-1| dx = \int_0^1 \{-(x-1)\} dx + \int_1^2 (x-1) dx$$

$$= -\left[\frac{1}{2}x^2 - x\right]_0^1 + \left[\frac{1}{2}x^2 - x\right]_1^2 = \frac{1}{2} + \frac{1}{2} = 1$$

$\int_0^2 |x-1| dx$ は、$y = |x-1|$ のグラフと x 軸および y 軸（$x=0$）、直線 $x=2$ で囲まれた2つの部分（色をつけた部分）の面積の和を表している。

(1) $\int_0^3 |x-2| dx$

(2) $\int_{-2}^3 |2x+1| dx$

2 次の定積分を求めましょう。　　　　　　　　　　　　　1問　20点

例 $\int_0^3 |x^2-1|\,dx$ は、$|x^2-1|=\begin{cases} x^2-1 & (x \leqq -1、1 \leqq x \text{ のとき}) \\ -(x^2-1) & (-1 < x < 1 \text{ のとき}) \end{cases}$ なので、

$\int_0^3 |x^2-1|\,dx = \int_0^1 \{-(x^2-1)\}\,dx + \int_1^3 (x^2-1)\,dx$

$= -\left[\dfrac{1}{3}x^3-x\right]_0^1 + \left[\dfrac{1}{3}x^3-x\right]_1^3 = \dfrac{2}{3} + \dfrac{20}{3} = \dfrac{22}{3}$

$\int_0^3 |x^2-1|\,dx$ は、$y=|x^2-1|$ のグラフと x 軸および y 軸

$(x=0)$、直線 $x=3$ で囲まれた2つの部分(色をつけた部分)の面積の和を表している。

(1) $\displaystyle\int_0^4 |x^2-4|\,dx$

(2) $\displaystyle\int_{-1}^1 |x(x-1)|\,dx$

(3) $\displaystyle\int_0^3 |(x-1)(x-2)|\,dx$

57日目 速度と道のりを求めよう！

ポイント

速度と速さ：単位時間あたりにどのくらい移動するかを表すのが速度だね。このとき、数直線上の点の移動は、ある地点(例えば、原点O)から正の方向の移動は正の数で、逆の方向(負の方向)の移動は負の数で表すんだ。そして、速度の大きさ(絶対値)を速さというんだ。数直線上を移動する点Pの時刻 t における座標が $f(t)$ のときの速度を $v(t)$ とすると、速度 $v(t)$ は $f'(t)$ で求められるよ。

道のりと変位：速度 $v(t)$ がわかっているとき、時刻が $t=a$ から $t=b$ までにどのくらい移動したかは、$\int_a^b v(t)dt$ で求められるんだ。これを $t=a$ から $t=b$ までの変位とよぶよ。そして、途中で移動の向きが変わった場合も含めた変位のすべての和が道のりで、$\int_a^b |v(t)|dt$ で求められるんだ。

$$\begin{array}{c} t=a\ P{\rightarrow}\ t=b \\ \hline \\ O \qquad f(t) \qquad x \\ \underbrace{}_{\int_a^b v(t)dt} \end{array}$$

---

1 数直線上を移動する点Pの時刻 t における座標を $f(t)$ とします。$f(t)$ が次の場合、速度 $v(t)$ を求めましょう。　　　　　　　　　　1問　10点

例 数直線上を移動する点Pの時刻 t における座標が $f(t)=t^2-4t+5$ のとき、速度 $v(t)$ は、$v(t)=f'(t)=2t-4$

(1) $f(t)=5t-3$

$$v(t)=$$

(2) $f(t)=2t^3-4t+1$

$$v(t)=$$

2 地上から真上に投げ上げたボールの t 秒後の速度が $v(t)=30-10t$ (m/秒)のとき、次の問題に答えましょう。　　　　　　　　　1問　10点

(1) 地上から真上に投げ上げたボールは、何秒後に落ち始めますか。

(2) 地上から真上に投げ上げたボールは、最大何mの高さまで上がりますか。

3 数直線上の原点 O を出発して移動する点 P の時刻 t における速度が $v(t)=2t-1$ のとき、次の問題に答えましょう。　　　1問　15点

例 数直線上の座標 1 の点を出発して移動する点 P の時刻 t における速度が
$v(t)=t^2-t$ のとき、$t=2$ における点 P の座標は、

$$1+\int_0^2 (t^2-t)dt = 1+\left[\frac{1}{3}t^3-\frac{1}{2}t^2\right]_0^2 = \frac{5}{3}$$

$t=0$ から $t=2$ までの間に、点 P が移動した道のりは、

$$\int_0^2 |t^2-t|\,dt = -\int_0^1 (t^2-t)dt + \int_1^2 (t^2-t)dt$$

← $v(t)=t^2-t=t(t-1)$ より、
$0\leqq t\leqq 1$ のとき、$v(t)\leqq 0$
$1\leqq t\leqq 2$ のとき、$v(t)\geqq 0$

$$= -\left[\frac{1}{3}t^3-\frac{1}{2}t^2\right]_0^1 + \left[\frac{1}{3}t^3-\frac{1}{2}t^2\right]_1^2 = \frac{1}{6}+\frac{2}{3}+\frac{1}{6}=1$$

(1) $t=3$ のときの点 P の座標を求めましょう。

(2) $t=0$ から $t=3$ までの間に、点 P が移動した道のりを求めましょう。

4 数直線上の座標 −2 の点を出発して移動する点 P の時刻 t における速度が
$v(t)=(t-1)(t-2)$ のとき、次の問題に答えましょう。　　　1問　15点

(1) $t=6$ のときの点 P の座標を求めましょう。

(2) $t=0$ から $t=2$ までの間に、点 P が移動した道のりを求めましょう。

58日目 確認問題⑧

1 曲線 $y=3x^2-2x+1$ と x 軸、y 軸($x=0$)、直線 $x=3$ で囲まれた部分の面積Sを求めましょう。　**15点**

↩ 111 ページ **2**

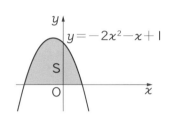

2 放物線 $y=-2x^2-x+1$ と x 軸で囲まれた部分の面積Sを、定積分の公式 $\int_{\alpha}^{\beta}(x-\alpha)(x-\beta)dx=-\dfrac{1}{6}(\beta-\alpha)^3$ を用いて求めましょう。　**15点**

↩ 113 ページ **2**

3 曲線 $y=3x^2-4x+1$ と直線 $y=3x+2$、y 軸($x=0$)、$x=2$ で囲まれた部分の面積Sを求めましょう。　**15点**

↩ 114 ページ **1**

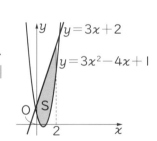

4 曲線 $y=x^2+x+5$ と直線 $y=-3x+2$ について、次の問題に答えましょう。

1問　10点

↩ 115 ページ **2**

(1) この曲線と直線の交点の x 座標を求めましょう。

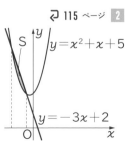

点

(2) この曲線と直線で囲まれた部分の面積Sを求めましょう。

5 次の定積分を求めましょう。　　　　　　　　　　　　　**15点**

$$\int_1^3 |2x-3|\, dx$$

↩116 ページ 1

6 数直線上の原点Oを出発して移動する点Pの時刻 t における速度が $v(t)=t^2-3t$ のとき、次の問題に答えましょう。　　　　　**1問　10点**

↩119 ページ 3

(1) $t=3$ のときの点Pの座標を求めましょう。

(2) $t=1$ から $t=4$ までの間に、点Pが移動した道のりを求めましょう。

~ 〈数学の小話〉

なぜ、錐体の体積は、柱体の体積の3分の1なの？

学生時代に、円錐や三角錐のような錐体の体積は、同じ底面積をもつ円柱や三角柱のような柱体の体積の3分の1であることを学びました。この理由は一般的には、積分を用いて説明できますが、特別な場合については、積分を用いずに示すことができます。底面が正方形で、高さが正方形の1辺の長さの半分であるような正四角錐、正四角柱を考えます。正四角錐を、点Oを中

心に6個組み合わせると、立方体が

作れます。立方体の体積は、四角錐の体積の6倍になります。また、四角柱は、高さが立方体の半分なので、四角柱の体積は、立方体の体積の2分の1になります。つまり、四角錐の体積は、四角柱の体積の3分の1になることがわかります。

微分・積分の まとめ①

1 次の極限値を求めましょう。　　　　　　　　　　　　　　　　　1問　6点

(1) $\displaystyle\lim_{x \to 1}(-3x^2 - x + 7)$

(2) $\displaystyle\lim_{x \to 2}\frac{x^2 - x - 2}{x - 2}$

2 次の関数を微分しましょう。　　　　　　　　　　　　　　　　　1問　6点

(1) $y = -5x^2 + 4x - 3$

(2) $y = -x^3 + 2x^2 - 6x$

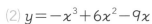

$y' =$　　　　　　　　　　　　　　　　　$y' =$

3 次の関数について、増減表をつくり、グラフをかきましょう。　　1問　15点

(1) $y = \dfrac{1}{2}x^2 - 4x - 2$

x	$\cdots$		$\cdots$
y'			
y			

(2) $y = -x^3 + 6x^2 - 9x$

x	$\cdots$		$\cdots$		$\cdots$
y'					
y					

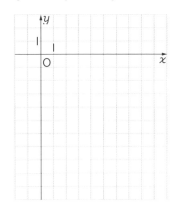

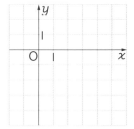

月　　日　　　　　　　　　　　　　　　　　　　　　　　　　　点

┌─────────────┐　　┌─────────────┐　　┌──────────────┐
│ 開始　　時　　分 │　　│ 終了　　時　　分 │　　│ 所要時間　　　　分 │
└─────────────┘　　└─────────────┘　　└──────────────┘

4 次の関数について、増減表をつくり、（　）内の範囲で、最大値、最小値を求めましょう。最大値や最小値が存在しない場合は、「ない」と答えましょう。　**1問　10点**

(1) $y = 2x^2 + 6x + 1$ $(-2 \leqq x \leqq 1)$

x	-2	$\cdots$		$\cdots$	1
y'					
y					

最大値 _____

最小値 _____

(2) $y = -x^3 + 3x^2 + 1$ $(-2 \leqq x \leqq 3)$

x	-2	$\cdots$		$\cdots$		$\cdots$	3
y'							
y							

最大値 _____

最小値 _____

5 次の曲線、直線、x軸で囲まれた部分の面積Sを求めましょう。　**1問　13点**

(1) 曲線 $y = x^2 + 4$、x軸、直線 $x = -1$、直線 $x = 2$

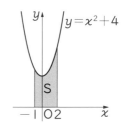

(2) 曲線 $y = -x^2 + 6x + 8$、x軸、直線 $x = 1$、直線 $x = 5$

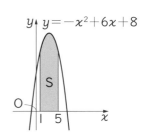

60日目 微分・積分のまとめ②

1 次の関数について、x が（　）の範囲で変わるときの平均変化率を求めましょう。

1問　8点

(1) $f(x) = -x + 3$（x が2から6まで）

(2) $f(x) = 2x^2 + 3x$（x が -1 から4まで）

2 次の直線の方程式を求めましょう。

1問　8点

(1) 点 $(4、0)$ を通る傾きが -2 の直線

(2) 2点 $(-1、5)$、$(-4、8)$ を通る直線

$$y = \underline{\hspace{3cm}}$$

$$y = \underline{\hspace{3cm}}$$

3 次の関数について、増減表をつくり、極大値、極小値を求めましょう。極大値や極小値が存在しない場合は、「ない」と答えましょう。

1問　10点

(1) $f(x) = \dfrac{1}{3}x^2 - 4x - 1$

x	$\cdots$		$\cdots$
$f'(x)$			
$f(x)$			

(2) $f(x) = x^3 - 9x^2 + 24x$

x	$\cdots$		$\cdots$		$\cdots$
$f'(x)$					
$f(x)$					

極大値 \underline{\hspace{3cm}}

極小値 \underline{\hspace{3cm}}

極大値 \underline{\hspace{3cm}}

極小値 \underline{\hspace{3cm}}

4 次の不定積分を求めましょう。　　　　　　　　　　　　　　　1問　8点

(1) $\int (-x^2 - 6x + 9)dx$

(2) $\int (2x-1)^2 dx$

5 次の定積分を求めましょう。　　　　　　　　　　　　　　　1問　8点

(1) $\int_0^2 (2x^2 - 3)dx$

(2) $\int_{-1}^1 (x^2 + 4x + 3)dx$

6 $\int_{-1}^x f(t)dt = ax^2 + 2x - 1 \cdots$ ① が成り立つ関数 $f(x)$ について、次の問題に答えましょう。　　　　　　　　　　　　　　　1問　8点

(1) ①の両辺を x で微分することにより、関数 $f(x)$ を定数 a を用いて表しましょう。

$f(x) =$

(2) ①の両辺に $x = -1$ を代入することにより、定数 a の値を求めましょう。

$a =$

できたら☑チェックシート

ポイント

まずは「学習する時間」を決めましょう！

習慣化のために、最初は意識的に決めた時間帯でやってみましょう。

学習する時間帯に☑　朝□　お昼□　夕方□　夜□

スタート！　できたらチェック☑を記入

1日目 □

まずは、
1次関数から
始めましょう。

2日目 □

3日目 □

4日目 □

5日目 □

1次関数は
バッチリですね！

6日目 □

7日目 □

8日目 □

9日目 □

10日目 □

11日目 □

12日目 □

2次関数も
できましたね！

13日目 □

14日目 □

15日目 □

「解の公式」
なつかしい
ですね！

16日目 □

17日目 □

18日目 □

不等式にも
慣れて
きましたね！

19日目 □

20日目 □

1次関数と
2次関数終了です。
おめでとう
ございます！

21日目 □

22日目 □

23日目 □

24日目 □

25日目 □

判別式にも
慣れて
きましたね！

26日目 □

27日目 □

28日目 □

29日目 □

30日目 □

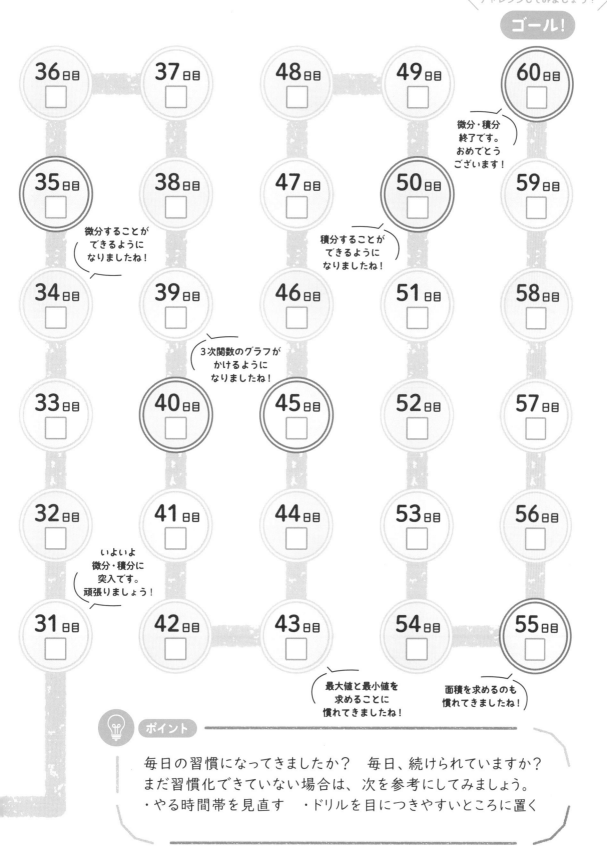

2か月間
よくがんばりましたね。
他の数学にも
チャレンジしてみましょう！

ゴール！

36日目

37日目

48日目

49日目

60日目

微分・積分
終了です。
おめでとう
ございます！

35日目

38日目

47日目

50日目

59日目

微分することが
できるように
なりましたね！

積分することが
できるように
なりましたね！

34日目

39日目

46日目

51日目

58日目

3次関数のグラフが
かけるように
なりましたね！

33日目

40日目

45日目

52日目

57日目

32日目

41日目

44日目

53日目

56日目

いよいよ
微分・積分に
突入です。
頑張りましょう！

31日目

42日目

43日目

54日目

55日目

最大値と最小値を
求めることに
慣れてきましたね！

面積を求めるのも
慣れてきましたね！

ポイント

毎日の習慣になってきましたか？　毎日、続けられていますか？
まだ習慣化できていない場合は、次を参考にしてみましょう。
・やる時間帯を見直す　・ドリルを目につきやすいところに置く

解きながら楽しむ

大人の数学
2次関数と微分・積分編

2023年11月　初版第1刷発行

カバー・本文デザイン	川口 匠（細山田デザイン事務所）
カバー・本文イラスト	平澤 南
編集協力	株式会社アポロ企画
発行人	志村 直人
発行所	株式会社くもん出版
	〒141-8488
	東京都品川区東五反田2-10-2
	東五反田スクエア11F
電話	代表 03-6836-0301
	編集 03-6836-0317
	営業 03-6836-0305
ホームページ	https://www.kumonshuppan.com/
印刷・製本	三美印刷株式会社

©2023 KUMON PUBLISHING CO.,Ltd
Printed in Japan
ISBN:978-4-7743-3552-0
CD:34243

落丁・乱丁はおとりかえいたします。本書を無断で複写・複製・
転載・翻訳することは、法律で認められた場合を除き禁じられています。
購入者以外の第三者による本書のいかなる電子複製も
一切認められていませんのでご注意ください。

大人の 数学

::: 2次関数と
::: 微分・積分 編

$$f'(x)=\lim_{h\to 0}\frac{f(x+h)-f(x)}{h}$$

$$\int x^n dx=\frac{1}{n+1}x^{n+1}+C$$

$$(x^n)'=nx^{n-1}$$

別冊解答書

答えと解き方

KUM◯N

1 (1) 2次式　　(2) 3次式
　　(3) 3次式　　(4) 1次式

2 (1) [x] 2次式、[y] 5次式
　　(2) [a] 1次式、[c] 5次式

3 ア、エ、オ

4 (1) $y=2\pi x$　　(2) $y=80x+20$

5 (1) 8　　(2) -2　　(3) 4　　(4) 14

6 (1)

x	-2	-1	0	1	2	3	4	5	6
y	-8	-5	-2	1	4	7	10	13	16

(2)

x	-4	-2	0	2	4	6
y	3	2	1	0	-1	-2

解き方

1 (1) $\underset{x\times x}{3x^2}$　　(2) $\underset{x\times x\times x}{x^3-2x-3}$

2 着目する文字以外は数と同じように扱って次数を考えます。

3 式を変形して、$y=ax+b$ の形になるものを探します。
　　ア $a=-1$、$b=1$ の場合なので1次関数です。
　　イ 2次関数です。
　　ウ 変形すると $y=\dfrac{1}{x}$ となるので、1次関数ではありません。
　　エ 変形すると $y=-x-5$ となるので、1次関数です。
　　オ $a=-\dfrac{1}{2}$、$b=0$ の場合なので、1次関数です。
　　カ $y=ax+b$ の形ではないので、1次関数ではありません。

4 (1) 円周の長さ＝直径×円周率
　　　　　　　　＝2×半径×円周率

5 (3) $y=2\times0+4=4$

6 (2) $x=-4$ のとき、$y=-\dfrac{1}{2}\times(-4)+1=3$

1 (1) ア 1　　イ $-\dfrac{1}{2}$　　ウ -3　　エ $\dfrac{1}{3}$
　　(2) ア、エ

2 (1) 傾き 2、切片 1
　　(2) 傾き -3、切片 4
　　(3) 傾き $\dfrac{1}{4}$、切片 -2
　　(4) 傾き -1、切片 0

3 (1)

x	-2	-1	0	1	2	3	4	5
y	-2	$-\dfrac{3}{2}$	-1	$-\dfrac{1}{2}$	0	$\dfrac{1}{2}$	1	$\dfrac{3}{2}$

(2)

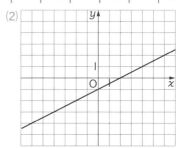

4

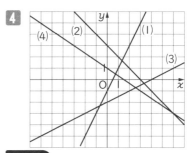

解き方

1 (2) $y=ax+b$ の式で、$a>0$ のとき、x の値が増加すると y の値も増加します。

2 (2) $\underset{傾き\quad 切片}{y=-3x+4}$

3 (2) (1)で作成した表をもとに、2点をとればグラフはかけます。できるだけ離れた2点をとると、より正確なグラフがかけます。

4 まず、切片を読み取って y 軸上に点をとります。次に、(1)の場合、x の値が1増えるごとに y の値は2ずつ増えます。(4)の場合、x の値が3増えるごとに y の値は2ずつ減ります。このようにして、グラフが通るもう1点を見つけます。

3（左）

1 (1) -4　　(2) -1　　(3) 1　　(4) $3a-4$

2 (1) $y=2x+12$　　(2) $0<x<6$
　　(3) $12<y<24$

3 (1)① $y\leqq16$　　　② $-2<y<10$
　　(2)① $y\leqq2$　　　② $2\leqq y\leqq4$

4 (1) $x\geqq1$　　　(2) $\dfrac{1}{2}\leqq x\leqq2$

5 (1) $a=-3$　　　(2) $b=1$

解き方

1 (4) $f(a-1)=3(a-1)-1=3a-4$

2 (1) 台形の面積＝(上底＋下底)×高さ÷2 より、
　　　$y=(x+6)\times4\div2=2(x+6)=2x+12$
　　(3) (1)で求めた式に、$x=0$ を代入すると $y=12$、
　　　$x=6$ を代入すると $y=24$ だから、
　　　$12<y<24$

3 (1)① $x=5$ のとき $y=16$ で、$x\leqq5$ の範囲で、
　　　x の値が小さくなると y の値も小さく
　　　なるので、$y\leqq16$
　　　② $x=-1$ のとき $y=-2$、$x=3$ のとき
　　　$y=10$ で、$-1<x<3$ の範囲で、x の値
　　　が大きくなると y の値も大きくなるの
　　　で、$-2<y<10$
　　(2)① $x=2$ のとき $y=2$ で、$x\geqq2$ の範囲で
　　　x の値が大きくなると y の値は小さく
　　　なるので、$y\leqq2$
　　　② $x=0$ のとき $y=4$、$x=2$ のとき $y=2$
　　　で、$0\leqq x\leqq2$ で、x の値が大きくなる
　　　と y の値は小さくなるので、$2\leqq y\leqq4$

4 (1) $y=-1$ のとき $-1=4x-5$ より、$x=1$
　　　$y\geqq-1$ の範囲で y の値が大きくなると x
　　　の値も大きくなるので、$x\geqq1$
　　(2) $y=-3$ のとき $x=\dfrac{1}{2}$、$y=3$ のとき $x=2$
　　　$-3\leqq y\leqq3$ の範囲で y の値が大きくなる
　　　と x の値も大きくなるので、$\dfrac{1}{2}\leqq x\leqq2$

5 (1) 傾きが 4 で正の数なので、グラフは右上
　　　がりの直線となり、$x=2$ のとき $y=5$ と
　　　なります。$5=4\times2+a$ より、$a=-3$
　　(2) (1)と同様に考えると、$x=b$ のとき $y=1$
　　　となります。$1=4\times b-3$ より、$b=1$

4（右）

1 (1) $x=2$、最大値 4、$x=1$、最小値 1
　　(2) $x=-3$、最大値 2、$x=1$、最小値 -6
　　(3) $x=-1$、最大値 $\dfrac{4}{3}$、$x=3$、最小値 0

2 (1) ウ、エ　　　　(2) ア、イ、オ、カ

3 (1) 最大値 ない、最小値 -3
　　(2) 最大値 -3、最小値 ない

4 (1)① $a=2$　　　② 1
　　(2)① $a=-4$　　　② -5

解き方

1 (1) 傾きが 3 で正の数なので、$1\leqq x\leqq2$ の範
　　　囲で $x=2$ のとき最大値 $y=4$、$x=1$ の
　　　とき最小値 1 となります。
　　(2) 傾きが -2 で負の数なので、$-3\leqq x\leqq1$
　　　の範囲で $x=-3$ のとき最大値 $y=2$、
　　　$x=1$ のとき最小値 -6 となります。

2 $x\geqq0$ の範囲で最大値が存在するのは傾きが
　　負の数のとき、最小値が存在するのは傾き
　　が正の数のときです。

3 (1) 傾きが -1 で負の数なので、$x=5$ のとき
　　　の値が最小値です。最大値はありません。
　　(2) 傾きが $\dfrac{1}{4}$ で正の数なので、$-4<x\leqq8$ の
　　　範囲では $x=8$ のときの値が最大値です。
　　　また、$x=-4$ は含まないので、最小値は
　　　ありません。

4 (1)① $a>0$ なので、グラフは右上がりの直線
　　　となり、$x=2$ のとき $y=7$ となります。
　　　したがって、$7=a\times2+3$ より、$a=2$
　　　② ①と同様に考えると、$x=-1$ のときの
　　　y の値が最小値になります。
　　　つまり、$y=2\times(-1)+3=1$
　　(2)① $a<0$ なので、グラフは右下がりの直
　　　線となり、$x=-1$ のとき $y=7$ となり
　　　ます。したがって、$7=a\times(-1)+3$
　　　より、$a=-4$
　　　② ①と同様に考えると、$x=2$ のときの
　　　y の値が最小値になります。
　　　つまり、$y=-4\times2+3=-5$

5 P.12-13　確認問題①

1. (1) 3次式　　　(2) 3次式
2. $y=80x+200$
3.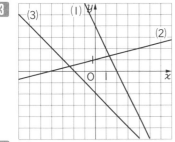
4. (1) $y=-0.5x+12$
   (2) $0\leqq x\leqq24$　(3) $0\leqq y\leqq12$
5. (1) 最大値 ない、最小値 -5
   (2) 最大値 7、最小値 ない
6. $a=-3$、$b=-1$

解き方

2. 分速80mでx分間歩くと$80x$m進みます。進んだ道のりに家から公園までの道のりを加えたものが、家からの道のりになります。
3. まず、切片を読み取ってy軸上に点をとります。(1)の場合、xの値が1増えるごとにyの値は2ずつ減ります。(2)の場合、xの値が4増えるごとにyの値は1ずつ増えます。このようにして、グラフが通るもう1点を見つけます。
4. (1) ろうそくは1分間に0.5cmずつ短くなり、x分後には$0.5x$cm短くなります。
   (2) ろうそくの長さが最大となるのは$x=0$のとき、ろうそくの長さが最小となるのは$y=0$のときで、$0=-0.5x+12$、$x=24$だから、$0\leqq x\leqq24$
5. (1) 傾きが-2で負の数なので、$1<x\leqq3$の範囲では$x=3$のときのyの値が最小値です。また、$x=1$は含まないので、最大値はありません。
6. 傾きが-3で負の数なので、グラフは右下がりの直線となり、$x=-2$のとき$y=3$となります。$3=-3\times(-2)+a$より、$a=-3$また、$x=b$のとき$y=0$となります。$0=-3\times b-3$より、$b=-1$

6 P.14-15　2次関数って何?

1. イ、ウ、カ
2. (1) $y=x^2$　(2) $y=3\pi x^2$　(3) $y=2x^2+3x$
3. (1)

x	-2	-1	0	1	2	3
y	4	1	0	1	4	9

   (2)

x	-2	-1	0	1	2	3
y	-5	1	3	1	-5	-15

   (3)

x	-2	-1	0	1	2	3
y	4	0	-2	-2	0	4

4. (1) 軸: $x=0$、頂点: $(0、0)$
   (2) 軸: $x=1$、頂点: $(1、2)$
   (3) 軸: $x=2$、頂点: $(2、0)$

解き方

1. 式を変形して、$y=ax^2+bx+c$ の形になるものを探します。
   ア 1次式なので、2次関数ではありません。
   イ $a=-3$、$b=0$、$c=0$ の場合であるから、2次関数です。
   ウ 変形すると $y=-2x^2-3$ となるので、2次関数です。
2. (1) 正方形の面積は1辺の長さの2乗です。
   (2) 半径がxの円の面積はπx^2なので、yはその3倍です。
   (3) 長方形の面積は、縦×横なので、$x(2x+3)=2x^2+3x$
3. (1) $x=-2$ のとき、$y=(-2)^2=4$
   (3) $x=-2$ のとき、$y=(-2+1)\times(-2-2)$
   $=(-1)\times(-4)=4$
4. (2) グラフがx軸と2点$(-2、0)$、$(4、0)$で交わるから、軸はそれらの中点の$(1、0)$を通ります。また、頂点のy座標は2です。
   (3) グラフが2点$(0、2)$と$(4、2)$を通るから、軸はそれらの中点の$(2、2)$を通ります。また、x軸と接しているから、頂点のy座標は0です。

1 (1) イ、エ、オ　　(2) ウ　　(3) アとエ

2 (1)

x	-4	-3	-2	-1	0	1	2	3	4
y	8	$\dfrac{9}{2}$	2	$\dfrac{1}{2}$	0	$\dfrac{1}{2}$	2	$\dfrac{9}{2}$	8

(2)
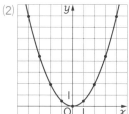

3 (1)
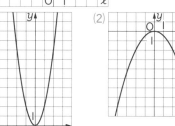

(2)

(3)

4 (1) 10　　　　　(2) -6

解き方

1 (1) $y=ax^2$ について、$a<0$ であるものが、上に凸の放物線になります。

(2) $y=ax^2$ について、a の絶対値が最も小さいものが、グラフの開き方が最も大きくなります。

(3) x 軸に関して対称なグラフになるものは、$y=ax^2$ と $y=-ax^2$ の関係であるような組です。

4 (1) $x=1$ のとき $y=2\times1^2=2$、$x=4$ のとき $y=2\times4^2=32$ なので、変化の割合は、
$$\dfrac{32-2}{4-1}=\dfrac{30}{3}=10$$

(2) $x=-2$ のとき $y=-3\times(-2)^2=-12$、$x=4$ のとき $y=-3\times4^2=-48$ なので、変化の割合は、$\dfrac{-48-(-12)}{4-(-2)}=\dfrac{-36}{6}=-6$

1 (1)

x	-3	-2	-1	0	1	2	3
$\dfrac{1}{3}x^2$	3	$\dfrac{4}{3}$	$\dfrac{1}{3}$	0	$\dfrac{1}{3}$	$\dfrac{4}{3}$	3
$\dfrac{1}{3}x^2-3$	0	$-\dfrac{5}{3}$	$-\dfrac{8}{3}$	-3	$-\dfrac{8}{3}$	$-\dfrac{5}{3}$	0

(2)
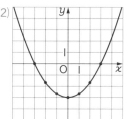

(3) -3

(2) 軸：$x=0$、
頂点：$(0、3)$

2 (1)
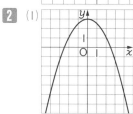

(2) 軸：$x=0$、
頂点：$(0、3)$

3 (1)

x	-3	-2	-1	0	1	2	3
$\dfrac{1}{2}x^2$	$\dfrac{9}{2}$	2	$\dfrac{1}{2}$	0	$\dfrac{1}{2}$	2	$\dfrac{9}{2}$
$\dfrac{1}{2}(x-1)^2$	8	$\dfrac{9}{2}$	2	$\dfrac{1}{2}$	0	$\dfrac{1}{2}$	2

(2)
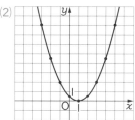

4 (1)
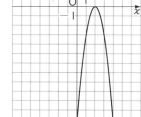

(2) 軸：$x=2$、頂点：$(2、0)$

5 (1) $y=2(x+3)^2$　　　(2) $y=2x^2-1$

9 グラフを平行移動しよう！②
P.20-21

1 (1) ①

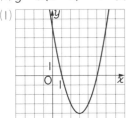

②

(2) ① 軸：$x=1$、頂点：$(1、1)$

② 軸：$x=-2$、頂点：$(-2、3)$

2 x 軸方向に 3、y 軸方向に 2

3 (1) $y=3(x-2)^2-7$　(2) $y=-(x-1)^2+4$

4 (1)

(2) 軸：$x=3$、頂点：$(3、-4)$

5 $y=3x^2+6x+4$

解き方

3 (1) $y=3x^2-12x+5=3(x^2-4x)+5$
$\qquad =3\{(x-2)^2-4\}+5=3(x-2)^2-12+5$
$\qquad =3(x-2)^2-7$

4 (1) $y=x^2-6x+5=(x-3)^2-4$
$\qquad$ より、$y=x^2$ のグラフを x 軸方向に 3、
$\qquad y$ 軸方向に -4 だけ平行移動します。

5 $y=3x^2-6x+1=3(x-1)^2-2$
$\qquad y=3(x-1)^2-2$ のグラフを x 軸方向に -2、
$\qquad y$ 軸方向に 3 だけ平行移動したものだから、
$\qquad y=3(x+1)^2+1=3(x^2+2x+1)+1$
$\qquad =3x^2+6x+4$

10 2次関数の最大値・最小値を求めよう！①
P.22-23

1 (1) イ、ウ、オ

(2) ア、エ、カ

2 (1) 最大値 ない　　最小値 -5

(2) 最大値 $\dfrac{2}{3}$　　最小値 ない

3 (1) 最大値 ない　　最小値 -2

(2) 最大値 15　　最小値 ない

(3) 最大値 ない　　最小値 $-\dfrac{1}{4}$

(4) 最大値 37　　最小値 ない

4 (1) オ　　　　(2) エ

5 $b=2$

解き方

1 (1) 最大値が存在するのは、$y=ax^2+bx+c$
の式において、$a<0$ のときです。

(2) 最小値が存在するのは、$y=ax^2+bx+c$
の式において、$a>0$ のときです。

2 (1) 最小値はグラフの頂点の y 座標 -5 です。

(2) 最大値はグラフの頂点の y 座標 $\dfrac{2}{3}$ です。

3 (1) $y=x^2-2x-1=(x-1)^2-2$ より、$x=1$
で最小値は -2、最大値はありません。

(2) $y=-2x^2+8x+7=-2(x-2)^2+15$ より、
$x=2$ で最大値は 15、最小値はありません。

(3) $y=x^2+3x+2=\left(x+\dfrac{3}{2}\right)^2-\dfrac{1}{4}$ より、

$x=-\dfrac{3}{2}$ で最小値は $-\dfrac{1}{4}$、最大値はありま

せん。

4 (1) 最小値が存在するのは、$y=ax^2+bx+c$
や、$y=a(x-p)^2+q$ の式において、$a>0$
のときです。$a>0$ となるのは、イ、エ、オ、
カで、そのうちグラフの頂点の y 座標が
最も大きいものを選びます。

(2) (1)で選んだイ、エ、オ、カのうち、グラ
フの頂点の x 座標が最も大きいものを選
びます。

5 $y=3x^2-6x+b=3(x-1)^2+b-3$ で、最
小値はグラフの頂点の y 座標となるから、
$b-3=-1$ を解きます。

1 (1) 最大値 3　　　最小値 −5

　(2) 最大値 13　　　最小値 −3

　(3) 最大値 27　　　最小値 −5

　(4) 最大値 ない　　　最小値 −5

2 (1) 最大値 $\dfrac{7}{2}$　　　最小値 −1

　(2) 最大値 25　　　最小値 1

3 (1) $a=4$　　　　　(2) 20

4 (1) M=9　　　m=1　　(2) M=10　　　m=1

解き方

1 右の図のようなグラフを参考にして、定義域に注意して考えます。
(4)では $x=0$、$x=4$ がどちらも定義域に含まれないので最大値はありません。

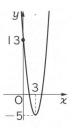

2 (1) $y=-\dfrac{1}{2}x^2-x+3$

$\quad =-\dfrac{1}{2}(x+1)^2+\dfrac{7}{2}$

より、$-1\leqq x\leqq 2$ では、$x=-1$ で最大値 $\dfrac{7}{2}$、

$x=2$ で最小値 −1 をとります。

(2) $y=3x^2-6x+1=3(x-1)^2-2$ より、
$-2\leqq x\leqq 0$ では、$x=-2$ のとき $y=25$、
$x=0$ のとき $y=1$ より、$x=-2$ のときの y の値の方が大きいので、$x=-2$ で最大値25、$x=0$ で最小値1 をとります。

3 (1) $y=2x^2-4x+a=2(x-1)^2+a-2$
グラフの頂点 $(1, a-2)$ は定義域に含まれるので、$x=1$ のとき最小値をとります。
よって、$a-2=2$ となります。

4 $y=-x^2+6x+1$
$\quad =-(x-3)^2+10$
(1) $a=2$ のとき、$0\leqq x\leqq 2$ なので、$x=0$ で最小値1、$x=2$ で最大値9 をとります。

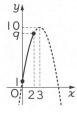

1 $y=\dfrac{1}{2}x^2$

2 (1)

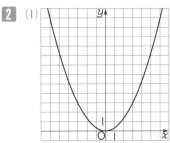

(2)

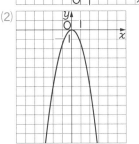

3 (1) $y=3(x+1)^2$　　　(2) $y=3x^2+2$

4 (1)

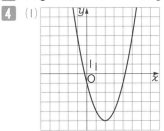

(2) 軸：$x=2$、頂点 $(2, -5)$

5 最大値 8　　　最小値 ない

6 (1) 最大値 3　　　最小値 −15

　(2) 最大値 2　　　最小値 −7

解き方

4 (1) $y=x^2-4x-1=(x-2)^2-5$ より、$y=x^2$ のグラフを x 軸方向に 2、y 軸方向に −5 だけ平行移動します。

5 $y=-3x^2+6x+5=-3(x-1)^2+8$ より、$x=1$ で最大値は8、最小値はありません。

6 (1) $y=2x^2-12x+3=2(x-3)^2-15$ より、$x=0$ で最大値3、$x=3$ で最小値−15 をとります。

(2) $y=-x^2-2x+1=-(x+1)^2+2$ より、$x=-1$ で最大値2、$x=2$ で最小値−7 をとります。

13
P.28-29 | 2次関数の式を求めよう！

1. (1) $y=-2(x-2)^2-1$

  (2) $y=\dfrac{1}{2}(x-2)^2-1$

2. $y=-(x-3)^2+8$

3. (1) $y=x^2-4x+3$　(2) $y=-x^2+3x+1$

  (3) $y=2x^2+4x-5$

解き方

1. (2) グラフの頂点が点(2、−1)であるこの2次関数は、$y=a(x-2)^2-1$とおけます。グラフが点(0、1)を通るとき、

   $1=a\times(0-2)^2-1$より、$a=\dfrac{1}{2}$

2. グラフの軸が直線$x=3$なので、この2次関数は$y=a(x-3)^2+q$とおけます。これに与えられた点(0、−1)、(4、7)の座標を代入すると、

   $-1=9a+q$、$7=a+q$

   これを解いて、$a=-1$、$q=8$

3. $y=ax^2+bx+c$とおいて、3点の座標を代入します。

   (1) $c=3$、$a+b+c=0$、$9a+3b+c=0$

   これらを解いて、$a=1$、$b=-4$、$c=3$

   (2) $c=1$、$a+b+c=3$、$a-b+c=-3$

   これらを解いて、$a=-1$、$b=3$、$c=1$

   (3) $a-b+c=-7$ …①、$a+b+c=1$ …②、

   $4a+2b+c=11$ …③

   ②−①より、$2b=8$、$b=4$ …④

   ④を①(または②)、③に代入して整理すると、

   $\begin{cases} a+c=-3 \\ 4a+c=3 \end{cases}$

   これを解いて、$a=2$、$c=-5$

14
P.30-31 | 2次方程式を解いてみよう！①

1. (1) $x=\pm 2$　　(2) $x=3\pm\sqrt{5}$

2. (1) $x=-4\pm\sqrt{13}$　(2) $x=-1$、7

  (3) $x=\dfrac{3\pm\sqrt{3}}{3}$　(4) $x=-\dfrac{1}{2}$、$-\dfrac{5}{2}$

3. (1) $x=-2$、2　　(2) $x=-3$、2

  (3) $x=-2$、$\dfrac{1}{3}$　(4) $x=-\dfrac{1}{2}$、$\dfrac{3}{4}$

解き方

2. (1) $(x+4)^2-4^2+3=0$

   $(x+4)^2=13$より、$x=-4\pm\sqrt{13}$

   (3) 両辺を3で割って、$x^2-2x+\dfrac{2}{3}=0$

   $(x-1)^2-1^2+\dfrac{2}{3}=0$

   $(x-1)^2=\dfrac{1}{3}$より、$x-1=\pm\dfrac{\sqrt{3}}{3}$

   よって、$x=\dfrac{3\pm\sqrt{3}}{3}$

   (4) 両辺を4で割って、$x^2+3x+\dfrac{5}{4}=0$

   $\left(x+\dfrac{3}{2}\right)^2-\left(\dfrac{3}{2}\right)^2+\dfrac{5}{4}=0$

   $\left(x+\dfrac{3}{2}\right)^2=1$、$x+\dfrac{3}{2}=\pm 1$

   よって、$x=-\dfrac{3}{2}\pm 1$より、$x=-\dfrac{1}{2}$、$-\dfrac{5}{2}$

3. (1) $(x+2)(x-2)=0$

   $x+2=0$または$x-2=0$より、$x=-2$、2

   (2) $(x+3)(x-2)=0$

   $x+3=0$または$x-2=0$より、$x=-3$、2

   (3) 右のたすき掛けにより、

   $(x+2)(3x-1)=0$

   よって、$x=-2$、$\dfrac{1}{3}$

   (4) 右のたすき掛けにより、

   $(2x+1)(4x-3)=0$

   $2x+1=0$または

   $4x-3=0$ より、

   $x=-\dfrac{1}{2}$、$\dfrac{3}{4}$

8

1 ア…$\dfrac{b}{a}$、イ…$\dfrac{c}{a}$、ウ…$\dfrac{b}{2a}$、エ…$\dfrac{b^2}{4a^2}$、

オ…b^2-4ac、カ…$2a$

2 (1) $x=\dfrac{-3\pm\sqrt{5}}{2}$　　(2) $x=\dfrac{-3\pm\sqrt{17}}{4}$

(3) $x=-2\pm\sqrt{6}$　　(4) $x=\dfrac{3\pm\sqrt{5}}{4}$

(5) $x=\dfrac{3}{2}$、$-\dfrac{5}{2}$　　(6) $x=\dfrac{3}{2}$、$\dfrac{1}{6}$

(7) $x=\dfrac{2}{5}$、$-\dfrac{5}{2}$

解き方

2 (1) $ax^2+bx+c=0$ において、$a=1$、$b=3$、

$c=1$ の場合だから、

$x=\dfrac{-3\pm\sqrt{3^2-4\times1\times1}}{2\times1}=\dfrac{-3\pm\sqrt{5}}{2}$

(2) $x=\dfrac{-3\pm\sqrt{3^2-4\times2\times(-1)}}{2\times2}$

$=\dfrac{-3\pm\sqrt{17}}{4}$

(3) $x=\dfrac{-4\pm\sqrt{4^2-4\times1\times(-2)}}{2\times1}$

$=\dfrac{-4\pm\sqrt{24}}{2}=\dfrac{-4\pm2\sqrt{6}}{2}$

$=-2\pm\sqrt{6}$

(4) まず、両辺に4を掛けて、係数が整数の
方程式に直します。$4x^2-6x+1=0$
$ax^2+bx+c=0$ において、$a=4$、$b=-6$、
$c=1$ の場合だから、

$x=\dfrac{-(-6)\pm\sqrt{(-6)^2-4\times4\times1}}{2\times4}$

$=\dfrac{6\pm\sqrt{20}}{8}=\dfrac{6\pm2\sqrt{5}}{8}=\dfrac{3\pm\sqrt{5}}{4}$

(5) $x=\dfrac{-4\pm\sqrt{4^2-4\times4\times(-15)}}{2\times4}$

$=\dfrac{-4\pm\sqrt{256}}{8}=\dfrac{-4\pm16}{8}=\dfrac{-1\pm4}{2}$

(6) $x=\dfrac{-(-20)\pm\sqrt{(-20)^2-4\times12\times3}}{2\times12}$

$=\dfrac{20\pm\sqrt{256}}{24}=\dfrac{20\pm16}{24}=\dfrac{5\pm4}{6}$

(7) $x=\dfrac{-21\pm\sqrt{21^2-4\times10\times(-10)}}{2\times10}$

$=\dfrac{-21\pm\sqrt{841}}{20}=\dfrac{-21\pm29}{20}$

1 (1) $x>8$　　(2) $x>2$　　(3) $x\geqq-\dfrac{5}{2}$

(4) $x>4$　　(5) $x\geqq0$　　(6) $x\leqq\dfrac{10}{3}$

(7) $x>7$

2 $a>\dfrac{1}{2}$

3 $x=3$

4 3個

解き方

1 (2) 両辺を3で割ります。または、両辺に $\dfrac{1}{3}$

を掛けます。

(3) 両辺を -2 で割ります。または、両辺に

$-\dfrac{1}{2}$ を掛けます。このとき、不等号の向

きが逆になることに注意しましょう。

(4) $7x-5x>6+2$、$2x>8$、$x>4$

(5) 両辺をそれぞれ展開して整理します。

$3x+3-2\geqq2x-2+3$、$x\geqq0$

(6) まず、両辺に分母の 2、3、4 の最小公倍
数12をかけて、係数が整数になるように
します。

$6x+8\leqq3x+18$、$3x\leqq10$、$x\leqq\dfrac{10}{3}$

(7) まず、両辺に10を掛けて、係数が整数に
なるようにします。

$25x-13>18x+36$、$7x>49$、$x>7$

2 不等式に $x=3$ を代入すると、$a\times4>2$ より、

$a>\dfrac{1}{2}$

3 不等式 $2x-6+x<5$ を解くと、$x<\dfrac{11}{3}$

$\dfrac{11}{3}=3.66\cdots$ だから、これをみたす最大の

整数 x の値は3です。

4 不等式 $3x+5>7x-11$ を解くと、$x<4$
これをみたす自然数 x の値は 1、2、3 の3
個です。4は含まないことに注意しましょう。

17 P.36-37　連立不等式を解いてみよう！①

1 (1) $x \leqq 3$　　　(2) $5 < x < 11$

2 (1) $\dfrac{3}{2} < x < 3$　　(2) $1 \leqq x < \dfrac{15}{4}$

3 2、3、4、5、6、7

4 $a \leqq 1$

解き方

1 (1) $\begin{cases} 3x-5 \leqq x+1 \cdots ① \\ 2x+3 > 4x-5 \cdots ② \end{cases}$

①より、$x \leqq 3$
②より、$x < 4$
よって、$x \leqq 3$

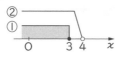

(2) $\begin{cases} \dfrac{x+1}{3} > \dfrac{x-3}{2} \cdots ① \\ 4(x-2) > 3(x-1) \cdots ② \end{cases}$

①の両辺に3と2の最小公倍数6を掛けて、
$2(x+1) > 3(x-3)$ より、$2x+2 > 3x-9$
$x < 11$
②より、$4x-8 > 3x-3$
から、$x > 5$
よって、$5 < x < 11$

2 (2) $\begin{cases} 2(x+1) \leqq 3x+1 \cdots ① \\ 3x+1 < 16-x \cdots ② \end{cases}$

①より、$2x+2 \leqq 3x+1$ から、$x \geqq 1$
②より、$x < \dfrac{15}{4}$
よって、$1 \leqq x < \dfrac{15}{4}$

3 $2x-1 \geqq 2$ より、$x \geqq \dfrac{3}{2}$

$3(x+5) \geqq 6x-7$ より、$3x+15 \geqq 6x-7$
$x \leqq \dfrac{22}{3}$　　よって、$\dfrac{3}{2} \leqq x \leqq \dfrac{22}{3}$

これをみたす整数xは、2、3、4、5、6、
7の6個です。$\dfrac{3}{2} = 1.5$、$\dfrac{22}{3} = 7.33\cdots$ に注
意しましょう。

4 $\begin{cases} x+1 < 2a \cdots ① \\ x+3a \leqq 4 \cdots ② \end{cases}$　①より、$x < 2a-1$
②より、$x \geqq -3a+4$
よって、$-3a+4 \leqq x < 2a-1$ をみたすxが
存在しないのは、
$-3a+4 \geqq 2a-1$、
つまり、$a \leqq 1$ のときです。

18 P.38-39　1次不等式を利用して身近な問題を解いてみよう！

1 (1) $3x+5 > 100$
(2) $1000-100x \geqq 300$

2 5個

3 39人

4 1.2km以下

5 3.2kg以上

解き方

1 (2) （払った金額）－（代金）＝（おつり）に数や
文字をあてはめて、不等式をつくります。

2 りんごをx個買うとすれば、かきは$(15-x)$個
買うことになります。問題の条件から不等
式をつくると、$120x+100(15-x) \leqq 1600$
これを解くと、$x \leqq 5$ より、りんごが買える
最大の個数は5個です。

3 生徒の人数をx人とすれば、ノートを1人5
冊ずつ分けると、ノートが何冊か余るので、
$5x < 200$より、$x < 40$
ノートを1人6冊ずつ分けると、30冊以上
足りなくなるので、$6x-200 \geqq 30$
$6x \geqq 230$ より、$x \geqq \dfrac{230}{6} = 38.3\cdots$
よって、$38.3\cdots \leqq x < 40$
これをみたす整数xは39しかありません。

4 分速60mで歩く道のりをxmとすれば、
4.2kmは4200mなので、分速150mで走
る道のりは$(4200-x)$mとなります。分速
60mで歩く時間は（道のり）÷（速さ）の式
にあてはめると、$\dfrac{x}{60}$分、分速150mで走る
時間は、$\dfrac{4200-x}{150}$分で、歩く時間と走る時
間の合計が40分以内となることから、不等
式をつくると、$\dfrac{x}{60}+\dfrac{4200-x}{150} \leqq 40$
これを解くと、$x \leqq 1200$ となります。

5 AからBへ米を$x$kg移すとすると、Aの重さ
は$(36-x)$kg、Bの重さは$(5+x)$kgになり
ます。条件から不等式をつくると、
$36-x \leqq 4(5+x)$
これを解くと、$x \geqq \dfrac{16}{5} = 3.2$

□ (1) $y=-2(x-1)^2+3$

　　(2) $y=3x^2-2x-1$

□ (1) $x=\dfrac{4\pm\sqrt{2}}{2}$　　　　(2) $x=\dfrac{3}{2}$、$-\dfrac{5}{2}$

　　(3) $x=\dfrac{2\pm\sqrt{7}}{3}$

□ $a<\dfrac{1}{3}$

□ (1) $-\dfrac{10}{3}<x\leqq3$　　　(2) $\dfrac{1}{2}<x<\dfrac{9}{2}$

□ 16個以上

解き方

① (2) $y=ax^2+bx+c$ とおいて、3点の座標を代入します。

　　$a-b+c=4$、$c=-1$、$4a+2b+c=7$

　　これらを解いて、$a=3$、$b=-2$、$c=-1$

② (3) $x=\dfrac{-(-4)\pm\sqrt{(-4)^2-4\times3\times(-1)}}{2\times3}$

　　$=\dfrac{4\pm\sqrt{28}}{6}=\dfrac{4\pm2\sqrt{7}}{6}=\dfrac{2\pm\sqrt{7}}{3}$

③ 不等式に $x=-2$ を代入すると、

　　$-6a+5>3a+2$ より、$a<\dfrac{1}{3}$

④ (1) $\begin{cases} 3(x+1)-2\leqq2(x+2) \cdots① \\ x>\dfrac{x-10}{4} \cdots② \end{cases}$

　　①より、$3x+3-2\leqq2x+4$ から、$x\leqq3$

　　②より、$4x>x-10$から、

　　$x>-\dfrac{10}{3}$

　　よって、$-\dfrac{10}{3}<x\leqq3$

⑤ 商品を x 個買うとします。

　　A商店で買うときの代金は $500x$ 円です。

　　B商店で買うとき、定価より1割高い価格は $500\times1.1=550$（円）、定価の2割を引いた価格は $500\times(1-0.2)=400$（円）です。

　　よって、$x\leqq10$ のときはB商店の方が合計金額が高くなるので、$x>10$ です。このとき、問題の条件から不等式をつくると、

　　$500x>550\times10+400(x-10)$

　　これを解くと、$x>15$ となるから、16個以上買うときです。

□ (1) 2個　　(2) 2個　　(3) 1個

　　(4) 2個　　(5) 0個　　(6) 1個

□ (1) $a=\dfrac{9}{8}$　　(2) $a=6$、-6

□ $a<3$

□ $a<-\dfrac{9}{4}$

解き方

① 問題の2次方程式の判別式をDとします。

　　(1) $D=5^2-4\cdot2\cdot1=25-8=17>0$

　　　したがって、実数解の個数は、2個

　　(2) $D=(-6)^2-4\cdot1\cdot8=36-32=4>0$

　　　したがって、実数解の個数は、2個

　　(3) $D=(-60)^2-4\cdot25\cdot36=3600-3600=0$

　　　したがって、実数解の個数は、1個

　　　または、因数分解を用いて、$(5x-6)^2=0$ から、

　　　実数解は $x=\dfrac{6}{5}$ の1個と求めてもよいです。

　　(4) $D=5^2-4\cdot2\cdot(-1)=25+8=33>0$

　　　したがって、実数解の個数は、2個

　　(5) $D=(\sqrt{2})^2-4\cdot3\cdot1=2-12=-10<0$

　　　したがって、実数解の個数は、0個

　　(6) $D=(-2\sqrt{7})^2-4\cdot7\cdot1=28-28=0$

　　　したがって、実数解の個数は、1個

② 問題の2次方程式の判別式をDとします。

　　(1) $D=3^2-4\cdot2\cdot a=9-8a$

　　　重解をもつとき、$D=0$ であるから、

　　　$9-8a=0$　　よって、$a=\dfrac{9}{8}$

　　(2) $D=(-a)^2-4\cdot1\cdot9=a^2-36$

　　　重解をもつとき、$D=0$ であるから、

　　　$a^2-36=0$　　よって、$a=6$、-6

③ 問題の2次方程式の判別式をDとします。

　　$D=4^2-4\cdot2\cdot(a-1)=24-8a$

　　2つの異なる実数解をもつとき、$D>0$ であるから、$24-8a>0$　　よって、$a<3$

④ 問題の2次方程式（$a\neq0$）の判別式をDとします。

　　$D=3^2-4\cdot a\cdot(-1)=9+4a$

　　実数解をもたないとき、$D<0$ であるから、

　　$9+4a<0$　　よって、$a<-\dfrac{9}{4}$

1 (1)① $(-1、-4)$　　(2)① $(2、5)$

②
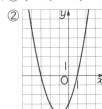 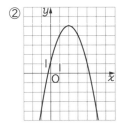

③ 2個　　　　　　　　③ 2個

(3)① $(2、0)$　　(4)① $(2、-1)$

②
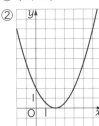 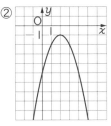

③ 1個　　　　　　　　③ 0個

2 (1) $(-1、0)$、$(3、0)$　　(2) $\left(\dfrac{1}{2}、0\right)$

(3) $\left(\dfrac{3+\sqrt{5}}{2}、0\right)$、$\left(\dfrac{3-\sqrt{5}}{2}、0\right)$

(4) $(-\sqrt{3}、0)$

解き方

1 (2)① $y=-x^2+4x+1=-(x-2)^2+5$ より、
頂点の座標は、$(2、5)$

(3)① $y=\dfrac{1}{2}x^2-2x+2=\dfrac{1}{2}(x^2-4x+4)$

$=\dfrac{1}{2}(x-2)^2$ より、頂点の座標は、$(2、0)$

(4)① $y=-x^2+4x-5=-(x-2)^2-1$ より、
頂点の座標は、$(2、-1)$

2 (1) $x^2-2x-3=0$ より、$(x+1)(x-3)=0$
よって、$x=-1、3$

(2) $-4x^2+4x-1=0$ より、$4x^2-4x+1=0$

$(2x-1)^2=0$　　よって、$x=\dfrac{1}{2}$

(3) $x^2-3x+1=0$ を解の公式を用いて解く
と、

$x=\dfrac{-(-3)\pm\sqrt{(-3)^2-4\times1\times1}}{2\times1}$

$=\dfrac{3\pm\sqrt{5}}{2}$

1 (1) 2個　　　　(2) 0個　　　　(3) 1個

(4) 2個　　　　(5) 0個

2 (1) $a>-\dfrac{1}{3}$　　(2) $a<-\dfrac{1}{3}$

3 $a=2$

4 $a<0$、$0<a<\dfrac{1}{3}$

解き方

1 問題の2次関数の式で $y=0$ とおいた2次方程式の判別式をDとします。

(1) $D=4^2-4\cdot3\cdot1=16-12=4>0$
したがって、x軸との共有点の個数は、2個

(2) $D=3^2-4\cdot(-1)\cdot(-4)=9-16=-7<0$
したがって、x軸との共有点の個数は、0個

(3) $D=2^2-4\cdot\dfrac{1}{3}\cdot3=4-4=0$

したがって、x軸との共有点の個数は、1個

2 問題の2次関数の式で $y=0$ とおいた2次方程式の判別式をDとすると、

$D=4^2-4\cdot3\cdot(-a+1)=4+12a$

(1) グラフがx軸と共有点を2個もつとき、
D$>$0 であるから、$4+12a>0$

よって、$a>-\dfrac{1}{3}$

(2) グラフとx軸との共有点が存在しないとき、D$<$0 であるから、$4+12a<0$

よって、$a<-\dfrac{1}{3}$

3 問題の2次関数の式で $y=0$ とおいた2次方程式 ($a\neq0$) の判別式をDとすると、

$D=4^2-4\cdot a\cdot2=16-8a$
グラフがx軸と接するとき、D$=$0 であるから、
$16-8a=0$　　よって、$a=2$

4 問題の2次関数の式で $y=0$ とおいた2次方程式 ($a\neq0$) の判別式をDとすると、

$D=\{-2(a-1)\}^2-4\cdot a\cdot(a+1)=4-12a$
グラフがx軸と共有点を2個もつとき、

D$>$0 であるから、$4-12a>0$、$a<\dfrac{1}{3}$

また、$a\neq0$ なので、求めるaの値の範囲は、

$a<0$、$0<a<\dfrac{1}{3}$

1 (1) $(1、11)$、$(-6、-3)$

(2) $\left(-\dfrac{1}{2}、-\dfrac{3}{2}\right)$、$(2、6)$

(3) $(3、-8)$

(4) $(2、2)$、$(4、8)$

2 $a=2$、10

3 (1) $k \geqq -12$　　　(2) $k=-12$

(3) $(3、-6)$

解き方

1 (1) 2式より、y を消去すると、

$x^2+7x+3=2x+9$

$x^2+5x-6=0$　　$(x-1)(x+6)=0$

$x=1、-6$

$x=1$ のとき、$y=2\cdot1+9=11$

$x=-6$ のとき、$y=2\cdot(-6)+9=-3$

(3) 2式より、y を消去すると、

$-x^2+2x-5=-4(x-1)$

$x^2-6x+9=0$　　$(x-3)^2=0$　　$x=3$

$x=3$ のとき、$y=-4(3-1)=-8$

2 2式より、y を消去すると、$-2x^2+6x-2=ax$

$2x^2+(a-6)x+2=0$

判別式を D とすると、

$D=(a-6)^2-4\cdot2\cdot2=a^2-12a+20$

2次関数のグラフが直線と接するとき、

$D=0$ より、

$a^2-12a+20=0$　　$(a-2)(a-10)=0$

よって、$a=2、10$

3 2式より、y を消去すると、

$x^2-4x-3=2x+k$

$x^2-6x-k-3=0$ …①

2次方程式①の判別式を D とすると、

$D=(-6)^2-4(-k-3)=48+4k$

(1) 共有点が少なくとも1つあるとき、$D \geqq 0$ より、

$48+4k \geqq 0$　　よって、$k \geqq -12$

(2) 接するとき、$D=0$ より、$48+4k=0$

よって、$k=-12$

(3) (2)のとき、$k=-12$ を①に代入すると、

$x^2-6x+9=0$　　$(x-3)^2=0$　　$x=3$

$x=3$ のとき、$y=2\cdot3-12=-6$

---

1 (1) $-1<x<5$　　　(2) $x \leqq -\dfrac{5}{2}$、$3 \leqq x$

(3) $x<-5$、$2<x$　　(4) $-\dfrac{1}{2}<x<\dfrac{1}{3}$

(5) $x \leqq \dfrac{5-\sqrt{37}}{6}$、$\dfrac{5+\sqrt{37}}{6} \leqq x$

(6) $\dfrac{2-\sqrt{2}}{2} \leqq x \leqq \dfrac{2+\sqrt{2}}{2}$

2 (1) $a=-2$　　　(2) $b=-15$

3 (1) $a=1$　　　(2) $b=2$

解き方

1 (3) $x^2+3x-10>0$ より、

$(x+5)(x-2)>0$

よって、$x<-5$、$2<x$

(4) $6x^2+x-1=0$ を解の公式で解くと、

$x=\dfrac{-1\pm\sqrt{1^2-4\times6\times(-1)}}{2\times6}$

$=\dfrac{-1\pm\sqrt{25}}{12}=\dfrac{-1\pm5}{12}$　　$x=\dfrac{1}{3}、-\dfrac{1}{2}$

よって、$-\dfrac{1}{2}<x<\dfrac{1}{3}$

(5) $3x^2-5x-1=0$ を解の公式で解くと、

$x=\dfrac{-(-5)\pm\sqrt{(-5)^2-4\times3\times(-1)}}{2\times3}$

$=\dfrac{5\pm\sqrt{37}}{6}$

よって、

$x \leqq \dfrac{5-\sqrt{37}}{6}$、$\dfrac{5+\sqrt{37}}{6} \leqq x$

2 $x^2+ax+b<0$ …① の解が $-3<x<5$ のとき、

$(x+3)(x-5)<0$ と表されます。左辺を展開すると、$x^2-2x-15<0$ …②

①と②の式を比べて、$a=-2$、$b=-15$

3 $x^2-(2a+1)x+a+1<0$ …① の解が

$1<x<b$ のとき、

$(x-1)(x-b)<0$ と表されます。左辺を展開すると、$x^2-(1+b)x+b<0$ …②

①と②の式を比べて、$2a+1=1+b$、

$a+1=b$

2式を a、b について解くと、$a=1$、$b=2$

1 (1) $x=2$ を除くすべての実数

(2) 解はない　　(3) $x=\dfrac{3}{2}$

(4) すべての実数　　(5) すべての実数

(6) 解はない　　(7) すべての実数

(8) すべての実数

2 $a>4$

解き方

1 (2) 2次方程式 $x^2+2x+2=0$
の判別式を D とすると、
$D=2^2-4\cdot1\cdot2=-4<0$
よって、$y=x^2+2x+2$
のグラフは x 軸と共有点
をもたないから、$y<0$ となる x はありません。

(3) $4x^2-12x+9=(2x-3)^2$
$y=4x^2-12x+9$ のグラ
フは右の図のようにな
り、$y\leqq0$ となるのは、

$x=\dfrac{3}{2}$

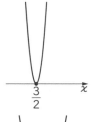

(4) $-x^2+3x-3<0$ より、
$x^2-3x+3>0$
$x^2-3x+3=0$ の判別式
を D とすると、
$D=(-3)^2-4\cdot1\cdot3$
$=-3<0$

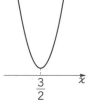

したがって、$y=x^2-3x+3$ のグラフは x
軸と共有点をもたないから、$y>0$ となる
x は、すべての実数となります。

2 $y=ax^2+4x+a-3$ のグラフがつねに x 軸
より上側にある条件を考えます。その条件は
① グラフが下に凸、すなわち、$a>0$
② グラフが x 軸と共有点をもたない、すな
わち、$ax^2+4x+a-3=0$ の判別式$D<0$
の両方が成り立つことです。
②より、$D=4^2-4a(a-3)<0$
$-4a^2+12a+16<0$　　$a^2-3a-4>0$
$(a+1)(a-4)>0$　　$a<-1$、$4<a$
①と合わせて、求める a の値の範囲は、
$a>4$

---

1 (1) $-\dfrac{1}{2}\leqq x<2$　　　(2) $3\leqq x\leqq5$

(3) $-2<x\leqq1$、$3\leqq x$

(4) $x\leqq-4$、$5\leqq x$

(5) $1-\sqrt{2}\leqq x<0$、$1<x\leqq1+\sqrt{2}$

(6) $-1<x<1$

2 6個

3 $a<\dfrac{5}{3}$

解き方

1 (4) $\begin{cases} x^2+2x-3>0 &\cdots① \\ x^2-x-20\geqq0 &\cdots② \end{cases}$
①より、$(x+3)(x-1)>0$
$x<-3$、$1<x$
②より、$(x+4)(x-5)\geqq0$
$x\leqq-4$、$5\leqq x$
したがって、
求める解は、

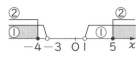

$x\leqq-4$、$5\leqq x$

2 $\begin{cases} x^2-2x-15<0 &\cdots① \\ 6x^2-11x+4\geqq0 &\cdots② \end{cases}$
①より、$(x+3)(x-5)<0$　　$-3<x<5$

②より、$(2x-1)(3x-4)\geqq0$　　$x\leqq\dfrac{1}{2}$、$\dfrac{4}{3}\leqq x$

連立不等式の解は、
$-3<x\leqq\dfrac{1}{2}$、$\dfrac{4}{3}\leqq x<5$

解に含まれる整数 x の個数は、-2、-1、0、
2、3、4の6個です。

3 $2x^2-5x-12<0\cdots①$より、
$(2x+3)(x-4)<0$

よって、$-\dfrac{3}{2}<x<4$

$2(x-a)>a+3\cdots②$より、$x>\dfrac{3a+3}{2}$

①、②を同時にみた
す x が存在するため
の条件は、

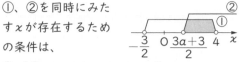

$\dfrac{3a+3}{2}<4$、すなわち、$a<\dfrac{5}{3}$

1 (1) $x(20-x)\geqq75$　　(2) $x>20-x$
(3) $10<x\leqq15$

2 (1) $80+2x$ 個　　(2) $5\leqq x\leqq55$

3 $\dfrac{1}{2}$ 秒後から1秒後までの間

4 $1<x\leqq2$

解き方

1 (1) 縦の長さと横の長さの和は
$40\div2=20$(cm)なので、縦が$x$cmならば、
横は$(20-x)$cmです。
(2) 縦の長さが横の長さよりも長いので、
$x>20-x$
(3) (2)の不等式を解くと、$x>10\cdots$①
また、(1)の不等式を解くと、
$x(20-x)\geqq75$　　$x^2-20x+75\leqq0$
$(x-5)(x-15)\leqq0$　　$5\leqq x\leqq15\cdots$②
①、②の共通部分を
求めて、$10<x\leqq15$

2 (1) 1個の値段をx円値下げすると、売上個
数は$2x$個増えるので、1日の売上個数は、
$(80+2x)$個
(2) 不等式をつくると、
$(100-x)(80+2x)\geqq8550$
$2x^2-120x+550\leqq0$
$x^2-60x+275\leqq0$
$(x-5)(x-55)\leqq0$　　$5\leqq x\leqq55$

3 不等式をつくると、$15x-10x^2\geqq5$
$10x^2-15x+5\leqq0$　　$2x^2-3x+1\leqq0$
$(2x-1)(x-1)\leqq0$　　$\dfrac{1}{2}\leqq x\leqq1$

4 作った直方体の縦、横、高さはそれぞれ$x$cm、
$(x+2)$cm、$(x-1)$cmで、高さは正の数でな
ければならないから、$x-1>0$より、$x>1\cdots$①
不等式をつくると、$x(x+2)(x-1)\leqq x^3$
$x^3+x^2-2x\geqq x^3$　　$x^2-2x\leqq0$　　$x(x-2)\leqq0$
$0\leqq x\leqq2\cdots$②
①、②の共通部分を
求めて、$1<x\leqq2$

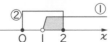

---

1 $a=2、-2$

2 (1) $(3、-4)$
(3) 2個

3 $a>-\dfrac{3}{2}$

4 $a=-4、12$

5 (1) $2\leqq x\leqq3$　　(2) すべての実数

6 $x<-5、\dfrac{1}{2}<x\leqq1、2\leqq x$

7 10m以上

解き方

1 問題の2次方程式の判別式をDとします。
$D=(2a)^2-4\cdot1\cdot4=4a^2-16$
重解をもつとき、$D=0$であるから、
$4a^2-16=0$　　よって、$a=2、-2$

3 問題の2次関数の式で$y=0$とおいた2次方
程式の判別式をDとすると、
$D=4^2-4\cdot1\cdot(-2a+1)=12+8a$
グラフがx軸と共有点を2個もつとき、$D>0$
であるから、$12+8a>0$　　よって、$a>-\dfrac{3}{2}$

4 2式より、yを消去すると、$2x^2+4x+3=ax-5$
$2x^2+(4-a)x+8=0$　　判別式をDとすると、
$D=(4-a)^2-4\cdot2\cdot8=a^2-8a-48$
①と②が接するとき、$D=0$より、
$a^2-8a-48=0$
$(a+4)(a-12)=0$より、$a=-4、12$

6 $\begin{cases} x^2-3x+2\geqq0\cdots① \\ 2x^2+9x-5>0\cdots② \end{cases}$
①より、$(x-1)(x-2)\geqq0$　　$x\leqq1、2\leqq x$
②より、$(x+5)(2x-1)>0$　　$x<-5、\dfrac{1}{2}<x$
連立不等式の解は、
$x<-5、\dfrac{1}{2}<x\leqq1、$
$2\leqq x$

7 長方形の横の長さをxmとすると、縦の長さ
は$(x-4)$mで$x-4>0$より、$x>4\cdots$①
不等式をつくると、$x(x-4)\geqq60$
$(x+6)(x-10)\geqq0$　　$x\leqq-6、10\leqq x\cdots$②
①、②の共通部分を求めて、$x\geqq10$

1

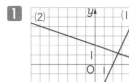

2 (1) 最大値 15、最小値 −3
(2) 最大値 5、最小値 −11

3 (1) $x=3\pm\sqrt{6}$　　(2) $x=2$、$-\dfrac{1}{3}$

4 (1) $-3<x\leqq\dfrac{2}{3}$　　(2) $1<x\leqq6$

5 (1) $20\leqq x^2+(-x+6)^2\leqq26$
(2) $1\leqq x\leqq2$、$4\leqq x\leqq5$

解き方

2 (1) 右の図のようなグラフを参考にして、定義域に注意して、最大値、最小値を考えます。

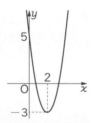

3 (1) 解の公式より、
$$x=\frac{-(-6)\pm\sqrt{(-6)^2-4\times1\times3}}{2\times1}$$
$$=\frac{6\pm\sqrt{24}}{2}=\frac{6\pm2\sqrt{6}}{2}=3\pm\sqrt{6}$$

4 (2) $\begin{cases} x^2+4x-5>0 \cdots① \\ x^2-2x-24\leqq0 \cdots② \end{cases}$
①より、$(x-1)(x+5)>0$　　$x<-5,1<x$
②より、$(x+4)(x-6)\leqq0$　　$-4\leqq x\leqq6$
連立不等式の解は、
$1<x\leqq6$

5 (1) 2つの正方形の1辺の長さの関係について、
$4x+4y=24 \cdots①$
2つの正方形の面積の和についての不等式は、$20\leqq x^2+y^2\leqq26 \cdots②$
①より、$y=-x+6$　これを②に代入して、
$20\leqq x^2+(-x+6)^2\leqq26$
(2) 連立不等式 $\begin{cases} x^2-6x+8\geqq0 \\ x^2-6x+5\leqq0 \end{cases}$ を解いて求めます。

1 (1) 最大値 5、最小値 −1
(2) 最大値 ない、最小値 0

2 (1)

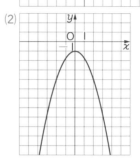

(2)

3 (1) $y=-\dfrac{1}{4}x^2+x$　　(2) $y=-x^2+3x+5$

4 (1) 2個　　(2) 0個　　(3) 1個

5 15個まで

解き方

3 (2) $y=ax^2+bx+c$ とおいて、3点の座標を代入します。
$a-b+c=1$、$16a+4b+c=1$、$a+b+c=7$
これらを解いて、$a=-1$、$b=3$、$c=5$

4 問題の2次関数の式で $y=0$ とおいた2次方程式の判別式をDとします。
(1) $D=(-3)^2-4\cdot1\cdot(-1)=9+4=13>0$
したがって、x軸との共有点の個数は、2個
(2) $D=3^2-4\cdot2\cdot2=9-16=-7<0$
したがって、x軸との共有点の個数は、0個
(3) $D=(-12)^2-4\cdot9\cdot4=144-144=0$
したがって、x軸との共有点の個数は、1個

5 ももをx個買うとすれば、なしは$(16-x)$個買うことになります。問題の条件から不等式をつくると、$180(16-x)+240x<3800$
これを解くと、$x<\dfrac{46}{3}=15.3\cdots$ より、ももが買える最大の個数は15個です。

1 (1) 3　　　(2) 2

　　(3) 0　　　(4) $\dfrac{1}{3}$

2 (1) 9　　　(2) 5

　　(3) $\dfrac{3}{2}$　　　(4) 4

　　(5) -2　　　(6) -3

解き方

1 (1) $\dfrac{f(3)-f(1)}{3-1}=\dfrac{(3\cdot3+1)-(3\cdot1+1)}{3-1}=3$

(2) $\dfrac{f(3)-f(-1)}{3-(-1)}=\dfrac{3^2-(-1)^2}{3-(-1)}=2$

(3) $\dfrac{f(3)-f(0)}{3-0}$

$=\dfrac{(3^2-3\cdot3+1)-(0^2-3\cdot0+1)}{3-0}=0$

(4) $\dfrac{f(2)-f(1)}{2-1}=\dfrac{\frac{1}{3}\cdot2-\frac{1}{3}\cdot1}{2-1}=\dfrac{1}{3}$

2 (1) $\lim\limits_{x\to3}x^2=3^2=9$

(2) $\lim\limits_{x\to0}(3x^2-4x+5)=3\cdot0^2-4\cdot0+5=5$

(3) $\lim\limits_{x\to0}\dfrac{x+3}{x+2}=\dfrac{0+3}{0+2}=\dfrac{3}{2}$

(4) $\lim\limits_{x\to2}\dfrac{x^2-4}{x-2}=\lim\limits_{x\to2}\dfrac{(x+2)\cancel{(x-2)}}{\cancel{x-2}}$

$=\lim\limits_{x\to2}(x+2)=2+2=4$

$x\to2$ のとき、分母$\to0$ となるので、はじ
めに分母・分子を $x-2$ で約分してから、
x に2を代入して求めます。

(5) $\lim\limits_{x\to0}\dfrac{x^2-2x}{x}=\lim\limits_{x\to0}\dfrac{\cancel{x}(x-2)}{\cancel{x}}=\lim\limits_{x\to0}(x-2)$

$=-2$

$x\to0$ のとき、分母$\to0$ となるので、はじ
めに分母・分子を x で約分してから、x に
0を代入して求めます。

(6) $\lim\limits_{x\to-1}\dfrac{x^2-x-2}{x+1}=\lim\limits_{x\to-1}\dfrac{\cancel{(x+1)}(x-2)}{\cancel{x+1}}$

$=\lim\limits_{x\to-1}(x-2)=-1-2=-3$

$x\to-1$ のとき、分母$\to0$ となるので、は
じめに分母・分子を $x+1$ で約分してから、
x に-1 を代入して求めます。

1 (1) 3　　　(2) 3

　　(3) 3　　　(4) -1

2 (1) 5　　　(2) -2

　　(3) 5　　　(4) 3

解き方

1 (1) $f'(1)=\lim\limits_{x\to1}\dfrac{f(x)-f(1)}{x-1}=\lim\limits_{x\to1}\dfrac{3x-3\cdot1}{x-1}$

$=\lim\limits_{x\to1}\dfrac{3\cancel{(x-1)}}{\cancel{x-1}}=\lim\limits_{x\to1}3=3$

(2) $f'(-1)=\lim\limits_{x\to-1}\dfrac{f(x)-f(-1)}{x-(-1)}$

$=\lim\limits_{x\to-1}\dfrac{(-x^2+x)-\{-(-1)^2+(-1)\}}{x+1}$

$=\lim\limits_{x\to-1}\dfrac{-x^2+x+2}{x+1}=\lim\limits_{x\to-1}\dfrac{-(x^2-x-2)}{x+1}$

$=\lim\limits_{x\to-1}\dfrac{-\cancel{(x+1)}(x-2)}{\cancel{x+1}}=\lim\limits_{x\to-1}\{-(x-2)\}$

$=3$

(3) $f(x)=(x-1)(x+2)=x^2+x-2$

$f'(1)=\lim\limits_{x\to1}\dfrac{f(x)-f(1)}{x-1}$

$=\lim\limits_{x\to1}\dfrac{(x^2+x-2)-(1^2+1-2)}{x-1}$

$=\lim\limits_{x\to1}\dfrac{x^2+x-2}{x-1}=\lim\limits_{x\to1}\dfrac{\cancel{(x-1)}(x+2)}{\cancel{x-1}}$

$=\lim\limits_{x\to1}(x+2)=3$

2 (1) $f'(1)=\lim\limits_{h\to0}\dfrac{f(1+h)-f(1)}{h}$

$=\lim\limits_{h\to0}\dfrac{\{5(1+h)-1\}-(5\cdot1-1)}{h}$

$=\lim\limits_{h\to0}\dfrac{5+5h-1-5+1}{h}=\lim\limits_{h\to0}\dfrac{5\cancel{h}}{\cancel{h}}$

$=\lim\limits_{h\to0}5=5$

(2) $f'(-1)=\lim\limits_{h\to0}\dfrac{f(-1+h)-f(-1)}{h}$

$=\lim\limits_{h\to0}\dfrac{(-1+h)^2-(-1)^2}{h}$

$=\lim\limits_{h\to0}\dfrac{1-2h+h^2-1}{h}=\lim\limits_{h\to0}\dfrac{-2h+h^2}{h}$

$=\lim\limits_{h\to0}\dfrac{\cancel{h}(-2+h)}{\cancel{h}}=\lim\limits_{h\to0}(-2+h)=-2$

導関数を求めよう！

1 (1) 2　　　　(2) -3　　　　(3) $6x$

(4) $-2x$　　(5) $2x-1$　　(6) $-2x+5$

(7) $2x-2$　　(8) $3x^2-4x$

解き方

1 (1) $f'(x)=\lim\limits_{h\to 0}\dfrac{f(x+h)-f(x)}{h}$

$=\lim\limits_{h\to 0}\dfrac{2(x+h)-2x}{h}=\lim\limits_{h\to 0}\dfrac{2h}{h}=\lim\limits_{h\to 0}2=2$

(2) $f'(x)=\lim\limits_{h\to 0}\dfrac{f(x+h)-f(x)}{h}$

$=\lim\limits_{h\to 0}\dfrac{\{-3(x+h)+5\}-(-3x+5)}{h}$

$=\lim\limits_{h\to 0}\dfrac{-3h}{h}=\lim\limits_{h\to 0}(-3)=-3$

(3) $f'(x)=\lim\limits_{h\to 0}\dfrac{f(x+h)-f(x)}{h}$

$=\lim\limits_{h\to 0}\dfrac{3(x+h)^2-3x^2}{h}=\lim\limits_{h\to 0}\dfrac{6xh+3h^2}{h}$

$=\lim\limits_{h\to 0}\dfrac{h(6x+3h)}{h}=\lim\limits_{h\to 0}(6x+3h)=6x$

(5) $f'(x)=\lim\limits_{h\to 0}\dfrac{f(x+h)-f(x)}{h}$

$=\lim\limits_{h\to 0}\dfrac{\{(x+h)^2-(x+h)\}-(x^2-x)}{h}$

$=\lim\limits_{h\to 0}\dfrac{2xh+h^2-h}{h}=\lim\limits_{h\to 0}\dfrac{h(2x+h-1)}{h}$

$=\lim\limits_{h\to 0}(2x+h-1)=2x-1$

(6) $f'(x)=\lim\limits_{h\to 0}\dfrac{f(x+h)-f(x)}{h}$

$=\lim\limits_{h\to 0}\dfrac{\{-(x+h)^2+5(x+h)+1\}-(-x^2+5x+1)}{h}$

$=\lim\limits_{h\to 0}\dfrac{-2xh-h^2+5h}{h}$

$=\lim\limits_{h\to 0}\dfrac{h(-2x-h+5)}{h}=\lim\limits_{h\to 0}(-2x-h+5)$

$=-2x+5$

(7) $f'(x)=\lim\limits_{h\to 0}\dfrac{f(x+h)-f(x)}{h}$

$=\lim\limits_{h\to 0}\dfrac{\{(x+h)^2-2(x+h)+8\}-(x^2-2x+8)}{h}$

$=\lim\limits_{h\to 0}\dfrac{2xh+h^2-2h}{h}=\lim\limits_{h\to 0}\dfrac{h(2x+h-2)}{h}$

$=\lim\limits_{h\to 0}(2x+h-2)=2x-2$

(8) $f'(x)=\lim\limits_{h\to 0}\dfrac{f(x+h)-f(x)}{h}$

$=\lim\limits_{h\to 0}\dfrac{\{(x+h)^3-2(x+h)^2\}-(x^3-2x^2)}{h}$

$=\lim\limits_{h\to 0}\dfrac{3x^2h+3xh^2+h^3-4xh-2h^2}{h}$

$=\lim\limits_{h\to 0}\dfrac{h(3x^2+3xh+h^2-4x-2h)}{h}$

$=\lim\limits_{h\to 0}(3x^2+3xh+h^2-4x-2h)=3x^2-4x$

微分してみよう！

1 (1) $f'(x)=4x^3$　　(2) $f'(x)=0$

2 (1) $y'=2$　　　　(2) $y'=-8x$

(3) $y'=15x^2$　　(4) $y'=-12x^3$

(5) $y'=3x^2+1$　　(6) $y'=4x^3-3x^2-2x$

(7) $y'=6x-6$　　(8) $y'=-6x^2-10x+7$

解き方

1 (1) $f'(x)=(x^4)'=4x^3$

(2) $f'(x)=(2)'=0$

2 (1) $y'=(2x)'=2(x)'=2\cdot 1=2$

(2) $y'=(-4x^2)'=-4(x^2)'=-4\cdot 2x=-8x$

(3) $y'=(5x^3)'=5(x^3)'=5\cdot 3x^2=15x^2$

(4) $y'=(-3x^4)'=-3(x^4)'=-3\cdot 4x^3=-12x^3$

(5) $y'=(x^3+x)'=(x^3)'+(x)'=3x^2+1$

(6) $y'=(x^4-x^3-x^2)'=(x^4)'-(x^3)'-(x^2)'$

$=4x^3-3x^2-2x$

(7) $y'=(3x^2-6x-4)'=(3x^2)'-(6x)'-(4)'$

$=3(x^2)'-6(x)'-(4)'$

$=3\cdot 2x-6\cdot 1-0$

$=6x-6$

(8) $y'=(-2x^3-5x^2+7x)'$

$=(-2x^3)'-(5x^2)'+(7x)'$

$=-2(x^3)'-5(x^2)'+7(x)'$

$=-2\cdot 3x^2-5\cdot 2x+7\cdot 1$

$=-6x^2-10x+7$

1 (1) $y=2x-6$　(2) $y=-x+2$

(3) $y=3x-5$　(4) $y=-\dfrac{2}{3}x+4$

2 (1) -4　(2) 11

3 (1) $y=3x+2$　(2) $y=5x-3$

4 (1) $(0、-5)$　(2) $y=2x-5$

解き方

1 (1) $y=2(x-3)+0$ より、$y=2x-6$

(2) $y=-1\cdot(x-0)+2$ より、$y=-x+2$

(3) 傾きが $\dfrac{10-1}{5-2}=3$ なので、

$y=3(x-2)+1$ より、$y=3x-5$

(4) 傾きが $\dfrac{0-4}{6-0}=-\dfrac{2}{3}$ なので、

$y=-\dfrac{2}{3}(x-0)+4$ より、$y=-\dfrac{2}{3}x+4$

2 (1) $y'=6x+2$ に、$x=-1$ を代入して、接線の傾きは、$6\cdot(-1)+2=-4$

(2) $y'=3x^2+2x-5$ に、$x=2$ を代入して、接線の傾きは、$3\cdot2^2+2\cdot2-5=11$

3 (1) $y'=-2x+5$ に、$x=1$ を代入して、接線の傾きは、$-2\cdot1+5=3$

したがって、接線の方程式は、

$y=3(x-1)+5$ より、$y=3x+2$

(2) $y'=3x^2+2x$ に、$x=1$ を代入して、接線の傾きは、$3\cdot1^2+2\cdot1=5$

したがって、接線の方程式は、

$y=5(x-1)+2$ より、$y=5x-3$

4 (1) $y'=6x+2$ に、$y'=2$ を代入して、

$6x+2=2$ より、$x=0$

$x=0$ を $y=3x^2+2x-5$ に代入して、

$y=-5$

(2) $y=2(x-0)-5$ より、$y=2x-5$

1 (1) $y=(2t-1)x-t^2+3$

(2) $t=-1、3$

(3) $y=-3x+2$、$y=5x-6$

(4)

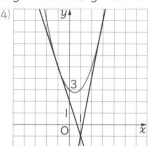

2 (1) $y=(t^2-1)x-\dfrac{2}{3}t^3+2$

(2) $t=0、3$　(3) $y=8x-16$

解き方

1 (1) $y'=2x-1$ に、$x=t$ を代入して、接線の傾きは、$2t-1$ なので、接線の方程式は、

$y=(2t-1)(x-t)+t^2-t+3$ より、

$y=(2t-1)x-t^2+3$

(2) (1)の方程式に $x=1$、$y=-1$ を代入して、

$-1=(2t-1)\cdot1-t^2+3$

$t^2-2t-3=0$　$(t+1)(t-3)=0$　$t=-1、3$

(3) $t=-1$ のとき、

$y=\{2\cdot(-1)-1\}x-(-1)^2+3$　$y=-3x+2$

$t=3$ のとき、

$y=(2\cdot3-1)x-3^2+3$　　$y=5x-6$

2 (1) $y'=x^2-1$ に、$x=t$ を代入して、接線の傾きは、t^2-1 なので、接線の方程式は、

$y=(t^2-1)(x-t)+\dfrac{1}{3}t^3-t+2$ より、

$y=(t^2-1)x-\dfrac{2}{3}t^3+2$

(2) (1)の方程式に $x=2$、$y=0$ を代入して、

$0=(t^2-1)\cdot2-\dfrac{2}{3}t^3+2$　　$0=2t^2-\dfrac{2}{3}t^3$

$3t^2-t^3=t^2(3-t)=0$　$t=0、3$

(3) $t=0$ のとき、$y=(0^2-1)x-\dfrac{2}{3}\cdot0^3+2$

$y=-x+2\cdots$傾きが負

$t=3$ のとき、$y=(3^2-1)x-\dfrac{2}{3}\cdot3^3+2$

$y=8x-16\cdots$傾きが正

1 (1) -4　　　(2) 2

2 (1) 3　　　(2) 5

3 7

4 $f'(x)=-2x+7$

5 (1) $y'=-10x$　　(2) $y'=-27x^2$

(3) $y'=10x-1$　　(4) $y'=-12x^2+6x$

6 $y=2x+1$

7 $y=14x$

解き方

3 $f'(-1)=\lim\limits_{x\to-1}\dfrac{f(x)-f(-1)}{x-(-1)}$

$=\lim\limits_{x\to-1}\dfrac{(-2x^2+3x)-\{-2\cdot(-1)^2+3\cdot(-1)\}}{x+1}$

$=\lim\limits_{x\to-1}\dfrac{-2x^2+3x+5}{x+1}=\lim\limits_{x\to-1}\dfrac{-(2x^2-3x-5)}{x+1}$

$=\lim\limits_{x\to-1}\dfrac{-(x+1)(2x-5)}{x+1}$

$=\lim\limits_{x\to-1}\{-(2x-5)\}=7$

4 $f'(x)=\lim\limits_{h\to0}\dfrac{f(x+h)-f(x)}{h}$

$=\lim\limits_{h\to0}\dfrac{\{-(x+h)^2+7(x+h)-2\}-(-x^2+7x-2)}{h}$

$=\lim\limits_{h\to0}\dfrac{-2xh-h^2+7h}{h}$

$=\lim\limits_{h\to0}\dfrac{h(-2x-h+7)}{h}$

$=\lim\limits_{h\to0}(-2x-h+7)=-2x+7$

6 $y'=3x^2-4x+3$ に、$x=1$ を代入して、接線の傾きは、$3\cdot1^2-4\cdot1+3=2$

したがって、接線の方程式は、

$y=2(x-1)+3$ より、$y=2x+1$

7 曲線上の点の座標を $(t,\ t^3+2t+16)$ とします。$y'=3x^2+2$ に、$x=t$ を代入して、接線の傾きは、$3t^2+2$ なので、接線の方程式は、

$y=(3t^2+2)(x-t)+t^3+2t+16$

これが点 $(0,\ 0)$ を通るとき、

$0=(3t^2+2)(0-t)+t^3+2t+16$

$-2t^3+16=0$　　$t^3=8$　　$t=2$

したがって、接線の方程式は、

$y=(3\cdot2^2+2)(x-2)+2^3+2\cdot2+16$

$y=14x$

1 (1)

x	-3	-2	-1
y	0	8	6
	0	1	2
	0	-4	0

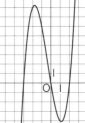

(2)

x	-3	-2	-1
y	0	-8	-6
	0	1	2
	0	4	0

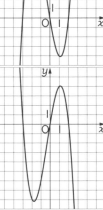

2 (1)

x	-2	-1	0
y	-10	0	0
	1	2	3
	-4	-6	0

(2)

x	-2	-1	0
y	10	0	0
	1	2	3
	4	6	0

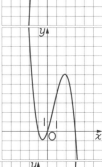

(3)

x	-1	0	1
y	0	6	4
	2	3	4
	0	0	10

(4)

x	-1	0	1
y	0	-6	-4
	2	3	4
	0	0	-10

39

1 (1) $(x+3)(x^2-3x+3)$

(2) $(x+1)(4x^2-4x+5)$

(3) $(x+1)(x-2)(x+3)$

(4) $(x+2)(3x^2-5x+4)$

2 (1) $(x+2)(x-1)^2$

(2)

x	-2	-1	0
y	0	4	2
	1	2	
	0	4	

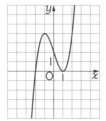

3 (1) $-(x-2)^2(x+1)$

(2)

x	-2	-1	0
y	16	0	-4
	1	2	
	-2	0	

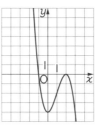

解き方

1 (1) $f(x)=x^3-6x+9$ とおくと、

$f(-3)=(-3)^3-6\cdot(-3)+9=0$

であるから、$f(x)$ は $x+3$ で割り切れる。右のように割り算をすると、

$$\begin{array}{r} x^2 \quad\;\; -3x+3 \\ x+3\,\overline{)\,x^3 \qquad\quad -6x+9} \\ \underline{x^3+3x^2} \\ -3x^2-6x \\ \underline{-3x^2-9x} \\ 3x+9 \\ \underline{3x+9} \\ 0 \end{array}$$

$f(x)$

$=(x+3)(x^2-3x+3)$

(3) $f(x)=x^3+2x^2-5x-6$ とおくと、

$f(-1)=(-1)^3+2\cdot(-1)^2-5\cdot(-1)-6=0$

であるから、$f(x)$ は $x+1$ で割り切れる。

右のように割り算をすると、

$$\begin{array}{r} x^2 \quad\;\; +\;x-6 \\ x+1\,\overline{)\,x^3+2x^2-5x-6} \\ \underline{x^3+\;x^2} \\ x^2-5x \\ \underline{x^2+\;x} \\ -6x-6 \\ \underline{-6x-6} \\ 0 \end{array}$$

$f(x)$

$=(x+1)(x^2+x-6)$

$=(x+1)(x-2)(x+3)$

40

1 (1)

x	$\cdots$	3	$\cdots$
① $f'(x)$	$-$	0	$+$
$f(x)$	↘	$-\dfrac{13}{2}$	↗

② $3<x$ で増加し、$x<3$ で減少する

(2)

x	$\cdots$	$\dfrac{1}{3}$	$\cdots$	1	$\cdots$
① $f'(x)$	$+$	0	$-$	0	$+$
$f(x)$	↗	$\dfrac{4}{27}$	↘	0	↗

② $x<\dfrac{1}{3}$、$1<x$ で増加し、$\dfrac{1}{3}<x<1$ で減少する

2 (1) ①

x	$\cdots$	3	$\cdots$
y'	$+$	0	$-$
y	↗	3	↘

②

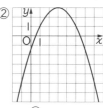

(2) ①

x	$\cdots$	-1	$\cdots$	1	$\cdots$
y'	$-$	0	$+$	0	$-$
y	↘	-1	↗	3	↘

②

解き方

1 (1) ① $f'(x)=x-3$

$f'(x)=0$ の解は、$x=3$

(2) ① $f'(x)=3x^2-4x+1=(3x-1)(x-1)$

$f'(x)=0$ の解は、$x=\dfrac{1}{3}$、1

2 (1) ① $y'=-x+3$

$y'=0$ の解は、$x=3$

(2) ① $y'=-3x^2+3=-3(x+1)(x-1)$

$y'=0$ の解は、$x=1$、-1

1 (1)

x	$\cdots$	3	$\cdots$
$f'(x)$	$-$	0	$+$
$f(x)$	↘	-4	↗

極大値 ない、極小値 -4

(2)

x	$\cdots$	-1	$\cdots$	3	$\cdots$
$f'(x)$	$+$	0	$-$	0	$+$
$f(x)$	↗	$\dfrac{8}{3}$	↘	-8	↗

極大値 $\dfrac{8}{3}$、極小値 -8

2 $a<-2$、$2<a$

3 (1)

x	$\cdots$	0	$\cdots$	3	$\cdots$
$f'(x)$	$-$	0	$-$	0	$+$
$f(x)$	↘	0	↘	$-\dfrac{27}{4}$	↗

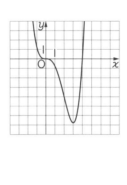

(2) 極大値 ない、極小値 $-\dfrac{27}{4}$

解き方

1 (2) $f'(x)=x^2-2x-3=(x+1)(x-3)$
$f'(x)=0$ を解くと、$x=-1$、3
$x<-1$、$3<x$ で増加、$-1<x<3$ で減少となる。増減表より、$x=-1$ で極大値 $\dfrac{8}{3}$、$x=3$ で極小値 -8 をとります。

2 2次方程式 $f'(x)=0$ の判別式を D とすると、
$f'(x)=3x^2+6ax+12$ より、
$D=(6a)^2-4\cdot3\cdot12=36a^2-144$
$=36(a^2-4)=36(a+2)(a-2)$
$D>0$ となるのは、$a<-2$、$2<a$

3 (1) $f'(x)=x^3-3x^2=x^2(x-3)$
$f'(x)=0$ を解くと、$x=0$、3

1 (1)

x	0	$\cdots$	3	$\cdots$	4
y'		$-$	0	$+$	
y	1	↘	-8	↗	-7

最大値 1、最小値 -8

(2)

x	1	$\cdots$	2	$\cdots$	5
y'		$+$	0	$-$	
y	14	↗	17	↘	-10

最大値 17、最小値 -10

(3)

x	0	$\cdots$	1	$\cdots$	2
y'		$-$	0	$+$	
y	$\dfrac{5}{2}$	↘	2	↗	$\dfrac{5}{2}$

最大値 ない、最小値 2

2 (1)

x	0	$\cdots$	1	$\cdots$	2	$\cdots$	3
y'		$+$	0	$-$	0	$+$	
y	1	↗	$\dfrac{11}{6}$	↘	$\dfrac{5}{3}$	↗	$\dfrac{5}{2}$

最大値 $\dfrac{5}{2}$、最小値 1

(2)

x	-1	$\cdots$	0	$\cdots$	2	$\cdots$	3
y'		$-$	0	$+$	0	$-$	
y	6	↘	2	↗	6	↘	2

最大値 6、最小値 2

(3)

x	-1	$\cdots$	1	$\cdots$	3	$\cdots$	5
y'		$+$	0	$-$	0	$+$	
y	$-\dfrac{13}{3}$	↗	$\dfrac{7}{3}$	↘	1	↗	$\dfrac{23}{3}$

最大値 ない、最小値 ない

1 (2) $y'=-6x+12=-6(x-2)$

$y'=0$ の解は、$x=2$

$x=2$ のとき極大値 $y=17$

$x=1$ のとき $y=14$、$x=5$ のとき $y=-10$

よって、$x=2$ で最大値17をとります。

また、端の値14と -10 を比べて、$x=5$ で最小値 -10 をとります。

(3) $y'=x-1$

$y'=0$ の解は、$x=1$

$x=1$ のとき極小値 $y=2$ で、最小値をとります。

また、区間が $0<x<2$ で、端点 $x=0$、$x=2$ は含まないので、最大値はありません。

2 (1) $y'=x^2-3x+2=(x-1)(x-2)$

$y'=0$ の解は、$x=1$、2

$x=1$ のとき極大値 $y=\dfrac{11}{6}$

$x=2$ のとき極小値 $y=\dfrac{5}{3}$

$x=0$ のとき $y=1$、$x=3$ のとき $y=\dfrac{5}{2}$

よって、端の値 $\dfrac{5}{2}$ と極大値 $\dfrac{11}{6}$ を比べて、$x=3$ で最大値 $\dfrac{5}{2}$ をとります。

また、端の値1と極小値 $\dfrac{5}{3}$ を比べて、$x=0$ で最小値1をとります。

(3) $y'=x^2-4x+3=(x-1)(x-3)$

$y'=0$ の解は、$x=1$、3

$x=1$ のとき極大値 $y=\dfrac{7}{3}$

$x=3$ のとき極小値 $y=1$

区間が $-1<x<5$ で、端点 $x=-1$、$x=5$ は含まないので、最大値も最小値もありません。

---

43 最大値・最小値を利用して身近な問題を解いてみよう！

P.90-91

1 (1) 縦…$(10-2x)$cm、横…$(16-2x)$cm

(2) $y=(10-2x)(16-2x)x$

x の範囲…$0<x<5$

(3)

x	0	…	2	…	5
y'		$+$	0	$-$	
y	0	↗	144	↘	0

(4) y の最大値…144(cm^3)、$x=2$

2 (1) $2\pi x$ cm (2) $h=\dfrac{36-x^2}{x}$

(3) $y=\pi x(36-x^2)$

x の範囲…$0<x<6$

(4)

x	0	…	$2\sqrt{3}$	…	6
y'		$+$	0	$-$	
y	0	↗	$48\sqrt{3}\pi$	↘	0

(5) y の最大値…$48\sqrt{3}\pi$(cm^3)、$x=2\sqrt{3}$

解き方

1 (2) 体積＝縦×横×高さ の式にあてはめます。

また、縦と横の長さ、高さは0より大きいから、$x>0$、$10-2x>0$、$16-2x>0$

これらの不等式を解くと、$0<x<5$

(3) $y=(10-2x)(16-2x)x$

$=4x^3-52x^2+160x$

$y'=12x^2-104x+160$

$=4(3x^2-26x+40)$

$=4(3x-20)(x-2)$

$y'=0$ を解くと、$x=2$、$\dfrac{20}{3}$

$0<x<5$ より、$x=2$

2 (1) 側面の長方形の横の長さ は、底面の円の円周の長さに等しいことを使います。

(2) 表面積＝底面積×2＋側面積 の式にあてはめると、$72\pi=\pi x^2\times2+h\times2\pi x$

これを h の式で表します。

(3) 体積＝底面積×高さ の式にあてはめると、

$y=\pi x^2\times h=\pi x^2\times\dfrac{36-x^2}{x}=\pi x(36-x^2)$

(4) $y'=36\pi-3\pi x^2=-3\pi(x^2-12)$

$=-3\pi(x+2\sqrt{3})(x-2\sqrt{3})$

左ページ（44）

1 (1)

x	$\cdots$	-1	$\cdots$	3	$\cdots$
$f'(x)$	$+$	0	$-$	0	$+$
$f(x)$	$\nearrow$	$\frac{5}{3}$	$\searrow$	-9	$\nearrow$

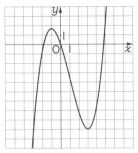

(2) 極大値 $\frac{5}{3}$、極小値 -9

(3) 3個

2 (1)

x	$\cdots$	-1	$\cdots$	1	$\cdots$
$f'(x)$	$+$	0	$-$	0	$+$
$f(x)$	$\nearrow$	3	$\searrow$	-1	$\nearrow$

極大値 3、極小値 -1

(2) 3個

3 (1)

x	$\cdots$	-2	$\cdots$	$-\frac{2}{3}$	$\cdots$
$f'(x)$	$+$	0	$-$	0	$+$
$f(x)$	$\nearrow$	0	$\searrow$	$-\frac{32}{27}$	$\nearrow$

極大値 0、極小値 $-\frac{32}{27}$

(2) 2個

解き方

1 (1) $f'(x)=x^2-2x-3=(x+1)(x-3)$
　　$f'(x)=0$ を解くと、$x=-1$、3

2 (1) $f'(x)=3x^2-3=3(x+1)(x-1)$
　　$f'(x)=0$ を解くと、$x=-1$、1

3 (1) $f'(x)=3x^2+8x+4=(x+2)(3x+2)$
　　$f'(x)=0$ を解くと、$x=-2$、$-\frac{2}{3}$

右ページ（45）

1 (1)

x	$\cdots$	-2	$\cdots$
y'	$-$	0	$+$
y	$\searrow$	-7	$\nearrow$

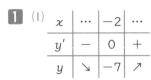
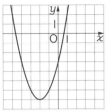

(2)

x	$\cdots$	-1	$\cdots$
y'	$+$	0	$-$
y	$\nearrow$	$\frac{11}{3}$	$\searrow$

3	$\cdots$
0	$+$
-7	$\nearrow$

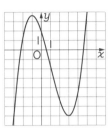

2

x	$\cdots$	0	$\cdots$	2	$\cdots$
$f'(x)$	$+$	0	$-$	0	$+$
$f(x)$	$\nearrow$	0	$\searrow$	-4	$\nearrow$

極大値 0、極小値 -4

3 (1) $r=\sqrt{9-x^2}$

(2) $y=2\pi x(9-x^2)$、x の範囲 $\cdots 0<x<3$

(3)

x	0	$\cdots$	$\sqrt{3}$	$\cdots$	3
y'		$+$	0	$-$	
y	0	$\nearrow$	$12\sqrt{3}\,\pi$	$\searrow$	0

(4) y の最大値 $\cdots 12\sqrt{3}\,\pi$、$x=\sqrt{3}$

解き方

1 (1) $y'=2x+4$　　$y'=0$ を解くと、$x=-2$

(2) $y'=x^2-2x-3=(x+1)(x-3)$
　　$y'=0$ を解くと、$x=-1$、3

2 $f'(x)=3x^2-6x=3x(x-2)$
　　$f'(x)=0$ を解くと、$x=0$、2

3 (1) 右の図の直角三角形
　　において、三平方の定
　　理より、$3^2=x^2+r^2$
　　$r^2=9-x^2$　$r=\sqrt{9-x^2}$

2x cm　3 cm
x cm
r cm

(2) $y=\pi r^2\times 2x=2\pi x(9-x^2)$

(3) $y=18\pi x-2\pi x^3$ より、$y'=18\pi-6\pi x^2$
　　$y'=0$ を解くと、$x^2=3$
　　$0<x<3$ より、$x=\sqrt{3}$

* これ以降は、「Cは積分定数とする」は省略する。

1 (1) ア、オ　　　　(2) ウ、エ

2 (1) x^3+C　　　　　(2) $\frac{1}{2}x^2-2x+C$

(3) $\frac{1}{3}x^3-x^2+3x+C$　(4) $2x^3+4x^2+x+C$

(5) $\frac{2}{3}x^3-x+C$　　　(6) $\frac{1}{3}x^3+\frac{1}{2}x^2+x+C$

解き方

1 (1) ア $(3x^2)'=6x$　　　イ $(2x^3)'=6x^2$

ウ $(x^3)'=3x^2$　　　エ $(2x^3+2)'=6x^2$

オ $(3x^2-1)'=6x$

2 (2) $\int(x-2)dx=\int x dx+\int(-2)dx$

$=\int x dx-2\int 1 dx=\frac{1}{2}x^2-2x+C$

(3) $\int(x^2-2x+3)dx$

$=\int x^2 dx+\int(-2x)dx+\int 3 dx$

$=\int x^2 dx-2\int x dx+3\int 1 dx$

$=\frac{1}{3}x^3-2\cdot\frac{1}{2}x^2+3\cdot x+C$

$=\frac{1}{3}x^3-x^2+3x+C$

(4) $\int(6x^2+8x+1)dx$

$=\int 6x^2 dx+\int 8x dx+\int 1 dx$

$=6\int x^2 dx+8\int x dx+\int 1 dx$

$=6\cdot\frac{1}{3}x^3+8\cdot\frac{1}{2}x^2+x+C$

$=2x^3+4x^2+x+C$

(5) $\int(2x^2-1)dx=\int 2x^2 dx+\int(-1)dx$

$=2\int x^2 dx-\int 1 dx=2\cdot\frac{1}{3}x^3-x+C$

$=\frac{2}{3}x^3-x+C$

(6) $\int(x^2+x+1)dx=\int x^2 dx+\int x dx+\int 1 dx$

$=\frac{1}{3}x^3+\frac{1}{2}x^2+x+C$

1 (1) $\frac{1}{3}x^3+x^2+C$　　　(2) $\frac{1}{3}x^3-x+C$

(3) $\frac{1}{3}x^3-x^2+x+C$　(4) x^3-x^2-x+C

(5) $3x^3-6x^2+4x+C$

(6) $\frac{2}{3}x^3+\frac{7}{2}x^2-4x+C$

2 (1) $f(x)=-x^2+3x-2$

(2) $f(x)=\frac{1}{3}x^3-x^2+x+1$

(3) $f(x)=-\frac{1}{2}x^2-1$　(4) $f(x)=\frac{1}{3}x^3+x^2-\frac{1}{3}$

解き方

1 (1) $\int x(x+2)dx=\int(x^2+2x)dx=\frac{1}{3}x^3+x^2+C$

(2) $\int(x+1)(x-1)dx=\int(x^2-1)dx$

$=\frac{1}{3}x^3-x+C$

(3) $\int(x-1)^2 dx=\int(x^2-2x+1)dx$

$=\frac{1}{3}x^3-x^2+x+C$

(4) $\int(x-1)(3x+1)dx$

$=\int(3x^2-2x-1)dx=x^3-x^2-x+C$

(5) $\int(3x-2)^2 dx=\int(9x^2-12x+4)dx$

$=3x^3-6x^2+4x+C$

2 (1) $f(x)=\int(-2x+3)dx=-x^2+3x+C$

$f(1)=-1+3+C=0$ より、$C=-2$ となるので、$f(x)=-x^2+3x-2$

(3) $f(x)=\int(-x)dx=-\frac{1}{2}x^2+C$

$f(0)=-0+C=-1$ より、$C=-1$ となるので、$f(x)=-\frac{1}{2}x^2-1$

(4) $f(x)=\int(x^2+2x)dx=\frac{1}{3}x^3+x^2+C$

$f(1)=\frac{1}{3}+1+C=1$ より、$C=-\frac{1}{3}$ となるので、$f(x)=\frac{1}{3}x^3+x^2-\frac{1}{3}$

1 (1) $\dfrac{1}{3}$ (2) 10 (3) 15 (4) $\dfrac{28}{3}$

(5) -15 (6) $-\dfrac{16}{3}$ (7) $-\dfrac{9}{2}$ (8) 9

(9) 52 (10) $\dfrac{11}{6}a^3$

解き方

1 (1) $\displaystyle\int_0^1 x^2 dx = \left[\dfrac{1}{3}x^3\right]_0^1 = \dfrac{1}{3}\cdot 1^3 - \dfrac{1}{3}\cdot 0^3 = \dfrac{1}{3}$

(2) $\displaystyle\int_1^3 (2x+1)dx = [x^2+x]_1^3$

$\quad = (3^2+3) - (1^2+1) = 10$

(3) $\displaystyle\int_{-1}^2 (3x^2+2x+1)dx = [x^3+x^2+x]_{-1}^2$

$\quad = (2^3+2^2+2) - \{(-1)^3+(-1)^2-1\} = 15$

(4) $\displaystyle\int_{-2}^2 (x+1)^2 dx = \int_{-2}^2 (x^2+2x+1)dx$

$\quad = \left[\dfrac{1}{3}x^3+x^2+x\right]_{-2}^2$

$\quad = \left(\dfrac{1}{3}\cdot 2^3+2^2+2\right) - \left\{\dfrac{1}{3}\cdot(-2)^3+(-2)^2-2\right\}$

$\quad = \dfrac{28}{3}$

(6) $\displaystyle\int_2^3 (-x^2+1)dx = \left[-\dfrac{1}{3}x^3+x\right]_2^3$

$\quad = \left(-\dfrac{1}{3}\cdot 3^3+3\right) - \left(-\dfrac{1}{3}\cdot 2^3+2\right) = -\dfrac{16}{3}$

(7) $\displaystyle\int_{-1}^2 (x+1)(x-2)dx = \int_{-1}^2 (x^2-x-2)dx$

$\quad = \left[\dfrac{1}{3}x^3-\dfrac{1}{2}x^2-2x\right]_{-1}^2$

$\quad = \left(\dfrac{1}{3}\cdot 2^3-\dfrac{1}{2}\cdot 2^2-2\cdot 2\right)$

$\qquad -\left\{\dfrac{1}{3}\cdot(-1)^3-\dfrac{1}{2}\cdot(-1)^2-2\cdot(-1)\right\} = -\dfrac{9}{2}$

(8) $\displaystyle\int_0^3 (x-3)^2 dx = \int_0^3 (x^2-6x+9)dx$

$\quad = \left[\dfrac{1}{3}x^3-3x^2+9x\right]_0^3$

$\quad = \left(\dfrac{1}{3}\cdot 3^3-3\cdot 3^2+9\cdot 3\right) - (0-0+0) = 9$

(10) $\displaystyle\int_0^a (x^2+ax+a^2)dx = \left[\dfrac{1}{3}x^3+\dfrac{1}{2}ax^2+a^2x\right]_0^a$

$\quad = \left(\dfrac{1}{3}a^3+\dfrac{1}{2}a^3+a^3\right) - (0+0+0) = \dfrac{11}{6}a^3$

1 (1) 6 (2) -5

2 (1) -9 (2) $\dfrac{1}{2}$ (3) 3 (4) -1

(5) 28 (6) $\dfrac{5}{6}a^3+\dfrac{1}{2}a-\dfrac{4}{3}$

解き方

2 (1) $\displaystyle\int_{-1}^2 (3x^2+x-2)dx - \int_{-1}^2 (3x^2-x+2)dx$

$\quad = \displaystyle\int_{-1}^2 \{(3x^2+x-2) - (3x^2-x+2)\}dx$

$\quad = \displaystyle\int_{-1}^2 (2x-4)dx = [x^2-4x]_{-1}^2$

$\quad = (2^2-4\cdot 2) - \{(-1)^2-4\cdot(-1)\} = -9$

(2) $2\displaystyle\int_1^2 (x+3)dx - 3\int_1^2 (x^2-x+2)dx$

$\quad = \displaystyle\int_1^2 \{2(x+3) - 3(x^2-x+2)\}dx$

$\quad = \displaystyle\int_1^2 (2x+6-3x^2+3x-6)dx$

$\quad = \displaystyle\int_1^2 (-3x^2+5x)dx = \left[-x^3+\dfrac{5}{2}x^2\right]_1^2$

$\quad = \left(-2^3+\dfrac{5}{2}\cdot 2^2\right) - \left(-1^3+\dfrac{5}{2}\cdot 1^2\right)$

$\quad = \dfrac{1}{2}$

(3) $\displaystyle\int_{-1}^2 (x^2+x)dx - \int_{-1}^2 (2x+1)dx$

$\qquad\qquad\qquad - \displaystyle\int_{-1}^2 (x^2-x-2)dx$

$\quad = \displaystyle\int_{-1}^2 \{(x^2+x) - (2x+1) - (x^2-x-2)\}dx$

$\quad = \displaystyle\int_{-1}^2 (x^2+x-2x-1-x^2+x+2)dx$

$\quad = \displaystyle\int_{-1}^2 1 dx = [x]_{-1}^2 = 2-(-1) = 3$

(6) $\displaystyle\int_1^a (x^2+ax+a^2)dx + \int_1^a (x-a)(3x+a)dx$

$\quad = \displaystyle\int_1^a \{(x^2+ax+a^2) + (3x^2-2ax-a^2)\}dx$

$\quad = \displaystyle\int_1^a (4x^2-ax)dx = \left[\dfrac{4}{3}x^3-\dfrac{1}{2}ax^2\right]_1^a$

$\quad = \left(\dfrac{4}{3}a^3-\dfrac{1}{2}a^3\right) - \left(\dfrac{4}{3}\cdot 1^3-\dfrac{1}{2}a\cdot 1^2\right)$

$\quad = \dfrac{5}{6}a^3+\dfrac{1}{2}a-\dfrac{4}{3}$

1 (1) $\dfrac{8}{3}$　　(2) 6　　(3) 0　　(4) $-\dfrac{1}{6}$

　　(5) 20　　(6) $\dfrac{28}{3}$　　(7) 6　　(8) 25

解き方

1 (4) $\displaystyle\int_1^3(x^2-3x+2)dx-\int_2^3(x^2-3x+2)dx$

$\displaystyle=\int_1^3(x^2-3x+2)dx+\int_3^2(x^2-3x+2)dx$

$\displaystyle=\int_1^2(x^2-3x+2)dx=\left[\dfrac{1}{3}x^3-\dfrac{3}{2}x^2+2x\right]_1^2$

$=\left(\dfrac{1}{3}\cdot2^3-\dfrac{3}{2}\cdot2^2+2\cdot2\right)$

$\qquad-\left(\dfrac{1}{3}\cdot1^3-\dfrac{3}{2}\cdot1^2+2\cdot1\right)=-\dfrac{1}{6}$

(5) $\displaystyle\int_{-2}^2(3x^2-x+1)dx=2\int_0^2(3x^2+1)dx$

$\displaystyle=\int_0^2(6x^2+2)dx=\left[2x^3+2x\right]_0^2$

$=(2\cdot2^3+2\cdot2)-(0+0)=20$

(6) $\displaystyle\int_{-1}^1(x^2-x+1)dx+\int_1^2(x^2-x+1)dx$

$\displaystyle\qquad\qquad\qquad+\int_2^3(x^2-x+1)dx$

$\displaystyle=\int_{-1}^3(x^2-x+1)dx=\left[\dfrac{1}{3}x^3-\dfrac{1}{2}x^2+x\right]_{-1}^3$

$=\left(\dfrac{1}{3}\cdot3^3-\dfrac{1}{2}\cdot3^2+3\right)$

$\qquad-\left\{\dfrac{1}{3}\cdot(-1)^3-\dfrac{1}{2}\cdot(-1)^2-1\right\}=\dfrac{28}{3}$

(7) $\displaystyle\int_{-2}^1x(x-1)dx+\int_{-2}^1x(x+1)dx$

$\displaystyle=\int_{-2}^1\{(x^2-x)+(x^2+x)\}dx=\int_{-2}^12x^2dx$

$=\left[\dfrac{2}{3}x^3\right]_{-2}^1=\dfrac{2}{3}\cdot1^3-\dfrac{2}{3}\cdot(-2)^3=6$

(8) $\displaystyle\int_{-1}^1(3x^2-1)dx-\int_2^1(3x^2-1)dx$

$\displaystyle\qquad\qquad\qquad\qquad+\int_2^33x^2dx$

$\displaystyle=\int_{-1}^2(3x^2-1)dx+\int_2^33x^2dx$

$\displaystyle=\int_{-1}^33x^2dx+\int_{-1}^2(-1)dx$

$=\left[x^3\right]_{-1}^3+\left[-x\right]_{-1}^2=25$

1 (1) $f'(x)=x^2+3x+4$

　　(2) $f'(x)=2x+3$　　　(3) $f'(x)=3x-1$

　　(4) $f'(x)=-x^2+x$

2 (1) $f(x)=2x-1$　　　(2) $a=-2$

3 (1) $f(x)=2x+1$　　　(2) $a=-3$、2

解き方

1 a を定数とするとき、$\left(\displaystyle\int_a^xf(t)dt\right)'=f(x)$ が

成り立つことを使います。

(4) $f(x)=\displaystyle\int_x^1(t^2-t)dt=-\int_1^x(t^2-t)dt$

両辺を x で微分すると、

$f'(x)=-(x^2-x)=-x^2+x$

2 (2) ①の両辺に $x=-1$ を代入すると、

左辺$=\displaystyle\int_{-1}^{-1}f(t)dt=0$、

右辺$=(-1)^2-(-1)+a$ となるから、

$0=1+1+a$ より、$a=-2$

3 (2) ①の両辺に $x=a$ を代入すると、

左辺$=\displaystyle\int_a^af(t)dt=0$、

右辺$=a^2+a-6$ となるから、

$0=a^2+a-6$ より、$(a+3)(a-2)=0$

$a=-3$、2

1 (1) x^2+3x+C　　　(2) $2x^3-4x^2+2x+C$

2 $f(x)=x^3+x^2+x-1$

3 (1) 15　　　　　　(2) $-\dfrac{4}{3}$

4 (1) $\dfrac{22}{3}$　　　　　(2) 24

5 $\dfrac{33}{2}$

6 (1) $f(x)=2x+a$　　(2) $a=2$

2 $f(x)=\int(3x^2+2x+1)dx=x^3+x^2+x+C$

$f(1)=1+1+1+C=2$ より、$C=-1$ となるので、$f(x)=x^3+x^2+x-1$

3 (1) $\int_{-2}^{1}(2x^2-4x+1)dx$

$=\left[\dfrac{2}{3}x^3-2x^2+x\right]_{-2}^{1}=15$

(2) $\int_{1}^{3}(x-1)(x-3)dx$

$=\int_{1}^{3}(x^2-4x+3)dx$

$=\left[\dfrac{1}{3}x^3-2x^2+3x\right]_{1}^{3}=-\dfrac{4}{3}$

4 (2) $2\int_{-1}^{3}(2x^2+x-1)dx-\int_{-1}^{3}(x^2+x)dx$

$=\int_{-1}^{3}\{2(2x^2+x-1)-(x^2+x)\}dx$

$=\int_{-1}^{3}(4x^2+2x-2-x^2-x)dx$

$=\int_{-1}^{3}(3x^2+x-2)dx$

$=\left[x^3+\dfrac{1}{2}x^2-2x\right]_{-1}^{3}=24$

5 $\int_{0}^{1}(x^2+x+1)dx+\int_{2}^{3}(x^2+x+1)dx$

$\qquad\qquad\qquad -\int_{2}^{1}(x^2+x+1)dx$

$=\int_{0}^{1}(x^2+x+1)dx+\int_{2}^{3}(x^2+x+1)dx$

$\qquad\qquad\qquad +\int_{1}^{2}(x^2+x+1)dx$

$=\int_{0}^{1}(x^2+x+1)dx+\int_{1}^{2}(x^2+x+1)dx$

$\qquad\qquad\qquad +\int_{2}^{3}(x^2+x+1)dx$

$=\int_{0}^{3}(x^2+x+1)dx=\left[\dfrac{1}{3}x^3+\dfrac{1}{2}x^2+x\right]_{0}^{3}$

$=\dfrac{33}{2}$

6 (2) ①の両辺に $x=1$ を代入すると、

左辺$=\int_{1}^{1}f(t)dt=0$、右辺$=1^2+a\cdot1-3$

となるから、$0=1+a-3$ より、$a=2$

---

1 (1) 20 　　　　(2) 12

2 (1) $\dfrac{38}{3}$ 　　　(2) 6

　　(3) $\dfrac{52}{3}$ 　　　(4) $\dfrac{31}{3}$

解き方

1 (1) $S=\int_{0}^{4}(2x+1)dx=\left[x^2+x\right]_{0}^{4}$

$=(4^2+4)-(0+0)=20$

(2) $S=\int_{-1}^{3}(-x+4)dx=\left[-\dfrac{1}{2}x^2+4x\right]_{-1}^{3}$

$=-\dfrac{1}{2}\cdot3^2+4\cdot3-\left\{-\dfrac{1}{2}\cdot(-1)^2+4\cdot(-1)\right\}$

$=12$

2 (1) $S=\int_{0}^{2}(x^2+5)dx=\left[\dfrac{1}{3}x^3+5x\right]_{0}^{2}$

$=\left(\dfrac{1}{3}\cdot2^3+5\cdot2\right)-(0+0)=\dfrac{38}{3}$

(2) $S=\int_{-1}^{1}(3x^2+4x+2)dx$

$=[x^3+2x^2+2x]_{-1}^{1}$

$=1^3+2\cdot1^2+2\cdot1$

$\qquad -\{(-1)^3+2\cdot(-1)^2+2\cdot(-1)\}$

$=6$

(3) $S=\int_{2}^{4}(-x^2+4x+6)dx$

$=\left[-\dfrac{1}{3}x^3+2x^2+6x\right]_{2}^{4}$

$=-\dfrac{1}{3}\cdot4^3+2\cdot4^2+6\cdot4$

$\qquad\qquad -\left(-\dfrac{1}{3}\cdot2^3+2\cdot2^2+6\cdot2\right)$

$-\dfrac{52}{3}$

(4) $S=\int_{1}^{3}\left(\dfrac{1}{2}x^2-2x+7\right)dx$

$=\left[\dfrac{1}{6}x^3-x^2+7x\right]_{1}^{3}$

$=\dfrac{1}{6}\cdot3^3-3^2+7\cdot3-\left(\dfrac{1}{6}\cdot1^3-1^2+7\cdot1\right)$

$=\dfrac{31}{3}$

1 (1) $x=-1$、2　　(2) $\dfrac{9}{2}$

2 (1) $\dfrac{1}{6}$　　(2) $\dfrac{8\sqrt{2}}{3}$

(3) $\dfrac{9}{8}$　　(4) $\dfrac{4}{27}$

解き方

1 (1) $-x^2+x+2=0$ を解くと、$x^2-x-2=0$

$(x+1)(x-2)=0$　　$x=-1$、2

(2) $S=\displaystyle\int_{-1}^{2}(-x^2+x+2)dx$

$=\left[-\dfrac{1}{3}x^3+\dfrac{1}{2}x^2+2x\right]_{-1}^{2}$

$=-\dfrac{1}{3}\cdot2^3+\dfrac{1}{2}\cdot2^2+2\cdot2$

$\qquad -\left\{-\dfrac{1}{3}\cdot(-1)^3+\dfrac{1}{2}\cdot(-1)^2+2\cdot(-1)\right\}$

$=\dfrac{9}{2}$

2 (1) $x^2-3x+2=0$ を解くと、

$(x-1)(x-2)=0$　　$x=1$、2

$S=\displaystyle\int_{1}^{2}\{-(x^2-3x+2)\}dx$

$=-\displaystyle\int_{1}^{2}(x-1)(x-2)dx=\dfrac{1}{6}(2-1)^3=\dfrac{1}{6}$

(3) $2x^2-5x+2=0$ を解くと、

$(2x-1)(x-2)=0$　　$x=\dfrac{1}{2}$、2

$S=\displaystyle\int_{\frac{1}{2}}^{2}\{-(2x^2-5x+2)\}dx$

$=-2\displaystyle\int_{\frac{1}{2}}^{2}\left(x-\dfrac{1}{2}\right)(x-2)dx$

$=-2\cdot\left(-\dfrac{1}{6}\right)\left(2-\dfrac{1}{2}\right)^3=\dfrac{9}{8}$

(4) $-3x^2+4x-1=0$ を解くと、

$-(3x^2-4x+1)=-(3x-1)(x-1)=0$

$x=\dfrac{1}{3}$、1

$S=\displaystyle\int_{\frac{1}{3}}^{1}(-3x^2+4x-1)dx$

$=-3\displaystyle\int_{\frac{1}{3}}^{1}\left(x-\dfrac{1}{3}\right)(x-1)dx$

$=-3\cdot\left(-\dfrac{1}{6}\right)\left(1-\dfrac{1}{3}\right)^3=\dfrac{4}{27}$

1 (1) 12　　(2) $\dfrac{16}{3}$

2 (1) $x=-3$、2　　(2) $\dfrac{125}{6}$

3 (1) $x=-2$、2　　(2) 13

解き方

1 (1) $-1\leqq x\leqq1$ の範囲では、$3x-1\leqq -x+5$ であるから、

$S=\displaystyle\int_{-1}^{1}\{(-x+5)-(3x-1)\}dx$

$=\displaystyle\int_{-1}^{1}(-4x+6)dx=\left[-2x^2+6x\right]_{-1}^{1}=12$

(2) $0\leqq x\leqq2$ の範囲では、$x^2-2x\leqq x+1$ であるから、

$S=\displaystyle\int_{0}^{2}\{(x+1)-(x^2-2x)\}dx$

$=\displaystyle\int_{0}^{2}(-x^2+3x+1)dx$

$=\left[-\dfrac{1}{3}x^3+\dfrac{3}{2}x^2+x\right]_{0}^{2}=\dfrac{16}{3}$

2 (1) $-x^2=x-6$ を解くと、$x^2+x-6=0$

$(x+3)(x-2)=0$　　$x=-3$、2

(2) $-3\leqq x\leqq2$ の範囲では、$x-6\leqq -x^2$ であるから、

$S=\displaystyle\int_{-3}^{2}\{(-x^2)-(x-6)\}dx$

$=\displaystyle\int_{-3}^{2}(-x^2-x+6)dx$

$=\left[-\dfrac{1}{3}x^3-\dfrac{1}{2}x^2+6x\right]_{-3}^{2}=\dfrac{125}{6}$

3 (1) $x^2+2x-1=2x+3$ を解くと、$x^2-4=0$

$(x+2)(x-2)=0$　　$x=-2$、2

(2) $-2\leqq x\leqq2$ の範囲では、

$x^2+2x-1\leqq2x+3$、$2\leqq x\leqq3$ の範囲では、

$2x+3\leqq x^2+2x-1$ であるから、求める面積の和は、

$\displaystyle\int_{-2}^{2}\{(2x+3)-(x^2+2x-1)\}dx$

$\qquad+\displaystyle\int_{2}^{3}\{(x^2+2x-1)-(2x+3)\}dx$

$=\displaystyle\int_{-2}^{2}(-x^2+4)dx+\displaystyle\int_{2}^{3}(x^2-4)dx$

$=\left[-\dfrac{1}{3}x^3+4x\right]_{-2}^{2}+\left[\dfrac{1}{3}x^3-4x\right]_{2}^{3}=13$

56
P.116-117 | 定積分を求めよう！④

$\boxed{1}$ (1) $\dfrac{5}{2}$ (2) $\dfrac{29}{2}$

$\boxed{2}$ (1) 16 (2) 1 (3) $\dfrac{11}{6}$

解き方

$\boxed{1}$ (1) $|x-2|=\begin{cases} x-2 & (x\geqq 2 \text{ のとき}) \\ -(x-2) & (x<2 \text{ のとき}) \end{cases}$

なので、

$\displaystyle\int_0^3 |x-2|dx$

$=\displaystyle\int_0^2 \{-(x-2)\}dx+\int_2^3 (x-2)dx$

$=-\left[\dfrac{1}{2}x^2-2x\right]_0^2+\left[\dfrac{1}{2}x^2-2x\right]_2^3=2+\dfrac{1}{2}=\dfrac{5}{2}$

$\boxed{2}$ (1) $|x^2-4|$

$=\begin{cases} x^2-4 & (x\leqq -2,\ 2\leqq x \text{ のとき}) \\ -(x^2-4) & (-2<x<2 \text{ のとき}) \end{cases}$

なので、

$\displaystyle\int_0^4 |x^2-4|dx$

$=\displaystyle\int_0^2 \{-(x^2-4)\}dx+\int_2^4 (x^2-4)dx$

$=-\left[\dfrac{1}{3}x^3-4x\right]_0^2+\left[\dfrac{1}{3}x^3-4x\right]_2^4$

$=\dfrac{16}{3}+\dfrac{32}{3}=16$

(3) $|(x-1)(x-2)|$

$=\begin{cases} (x-1)(x-2) & (x\leqq 1,\ 2\leqq x \text{ のとき}) \\ -(x-1)(x-2) & (1<x<2 \text{ のとき}) \end{cases}$

なので、

$\displaystyle\int_0^3 |(x-1)(x-2)|dx$

$=\displaystyle\int_0^1 (x^2-3x+2)dx$

$\qquad +\displaystyle\int_1^2 \{-(x^2-3x+2)\}dx$

$\qquad\qquad +\displaystyle\int_2^3 (x^2-3x+2)dx$

$=\left[\dfrac{1}{3}x^3-\dfrac{3}{2}x^2+2x\right]_0^1-\left[\dfrac{1}{3}x^3-\dfrac{3}{2}x^2+2x\right]_1^2$

$\qquad\qquad +\left[\dfrac{1}{3}x^3-\dfrac{3}{2}x^2+2x\right]_2^3$

$=\dfrac{5}{6}+\dfrac{1}{6}+\dfrac{5}{6}=\dfrac{11}{6}$

57
P.118-119 | 速度と道のりを求めよう！

$\boxed{1}$ (1) $v(t)=5$ (2) $v(t)=6t^2-4$

$\boxed{2}$ (1) 3秒後 (2) 45 m

$\boxed{3}$ (1) 6 (2) $\dfrac{13}{2}$

$\boxed{4}$ (1) 28 (2) 1

解き方

$\boxed{1}$ (1) $v(t)=f'(t)=5$

(2) $v(t)=f'(t)=6t^2-4$

$\boxed{2}$ (1) 投げ上げたボールが落ち始めるのは、ボールが最高点に到達するときで、ボールの速度は0になります。$v(t)=0$ を解くと、

$30-10t=0$ $t=3$（秒後）

(2) 真上に投げ上げたボールが最高点に到達するまでの道のりは、$t=0$ から $t=3$ までにボールが移動した道のりに等しいので、

$\displaystyle\int_0^3 v(t)dt=\int_0^3 (30-10t)dt$

$=[30t-5t^2]_0^3=45(\text{m})$

$\boxed{3}$ (1) $0+\displaystyle\int_0^3 (2t-1)dt=0+[t^2-t]_0^3=6$

(2) $\displaystyle\int_0^3 |v(t)|dt=\int_0^3 |2t-1|dt$

$=-\displaystyle\int_0^{\frac{1}{2}} (2t-1)dt+\int_{\frac{1}{2}}^3 (2t-1)dt$

$=-[t^2-t]_0^{\frac{1}{2}}+[t^2-t]_{\frac{1}{2}}^3=\dfrac{13}{2}$

$\boxed{4}$ (1) $-2+\displaystyle\int_0^6 (t-1)(t-2)dt$

$=-2+\displaystyle\int_0^6 (t^2-3t+2)dt$

$=-2+\left[\dfrac{1}{3}t^3-\dfrac{3}{2}t^2+2t\right]_0^6=28$

(2) $\displaystyle\int_0^2 |(t-1)(t-2)|dt$

$=\displaystyle\int_0^1 (t-1)(t-2)dt-\int_1^2 (t-1)(t-2)dt$

$=\displaystyle\int_0^1 (t^2-3t+2)dt-\int_1^2 (t^2-3t+2)dt$

$=\left[\dfrac{1}{3}t^3-\dfrac{3}{2}t^2+2t\right]_0^1-\left[\dfrac{1}{3}t^3-\dfrac{3}{2}t^2+2t\right]_1^2=1$

1 21

2 $\dfrac{9}{8}$

3 8

4 (1) $x=-3$、-1 (2) $\dfrac{4}{3}$

5 $\dfrac{5}{2}$

6 (1) $-\dfrac{9}{2}$ (2) $\dfrac{31}{6}$

解き方

1 $S=\displaystyle\int_0^3(3x^2-2x+1)dx=\Bigl[x^3-x^2+x\Bigr]_0^3$

$=(3^3-3^2+3)-(0-0+0)=21$

2 $-2x^2-x+1=0$ を解くと、$2x^2+x-1=0$

$(2x-1)(x+1)=0$ $x=-1$、$\dfrac{1}{2}$

$S=\displaystyle\int_{-1}^{\frac{1}{2}}(-2x^2-x+1)dx$

$=-2\displaystyle\int_{-1}^{\frac{1}{2}}\Bigl(x-\dfrac{1}{2}\Bigr)(x+1)dx$

$=-2\cdot\Bigl(-\dfrac{1}{6}\Bigr)\Bigl\{\dfrac{1}{2}-(-1)\Bigr\}^3=\dfrac{9}{8}$

3 $0\leqq x\leqq 2$ の範囲では、$3x^2-4x+1\leqq 3x+2$
であるから、

$S=\displaystyle\int_0^2\{(3x+2)-(3x^2-4x+1)\}dx$

$=\displaystyle\int_0^2(-3x^2+7x+1)dx=\Bigl[-x^3+\dfrac{7}{2}x^2+x\Bigr]_0^2$

$=8$

5 $|2x-3|=\begin{cases}2x-3\ (x\geqq\dfrac{3}{2}\ \text{のとき})\\-(2x-3)\ \Bigl(x<\dfrac{3}{2}\ \text{のとき}\Bigr)\end{cases}$

$\displaystyle\int_1^3|2x-3|dx$

$=\displaystyle\int_1^{\frac{3}{2}}\{-(2x-3)\}dx+\int_{\frac{3}{2}}^3(2x-3)dx$

$=-\Bigl[x^2-3x\Bigr]_1^{\frac{3}{2}}+\Bigl[x^2-3x\Bigr]_{\frac{3}{2}}^3=\dfrac{1}{4}+\dfrac{9}{4}=\dfrac{5}{2}$

6 (1) $0+\displaystyle\int_0^3(t^2-3t)dt$

$=0+\Bigl[\dfrac{1}{3}t^3-\dfrac{3}{2}t^2\Bigr]_0^3=-\dfrac{9}{2}$

(2) $\displaystyle\int_1^4|t^2-3t|dt=\int_1^4|t(t-3)|dt$

$=-\displaystyle\int_1^3(t^2-3t)dt+\int_3^4(t^2-3t)dt$

$=\Bigl[-\dfrac{1}{3}t^3+\dfrac{3}{2}t^2\Bigr]_1^3+\Bigl[\dfrac{1}{3}t^3-\dfrac{3}{2}t^2\Bigr]_3^4$

$=\dfrac{10}{3}+\dfrac{11}{6}=\dfrac{31}{6}$

1 (1) 3 (2) 3

2 (1) $y'=-10x+4$ (2) $y'=-3x^2+4x-6$

3 (1)

x	$\cdots$	4	$\cdots$
y'	$-$	0	$+$
y	↘	-10	↗

(2)

x	$\cdots$	1	$\cdots$
y'	$-$	0	$+$
y	↘	-4	↗

	3	$\cdots$
	0	$-$
	0	↘

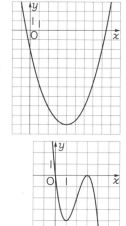

4 (1)

x	-2	$\cdots$	$-\dfrac{3}{2}$	$\cdots$	1
y'		$-$	0	$+$	
y	-3	↘	$-\dfrac{7}{2}$	↗	9

最大値 9、最小値 $-\dfrac{7}{2}$

(2)

x	-2	$\cdots$	0	$\cdots$	2	$\cdots$	3
y'		$-$	0	$+$	0	$-$	
y	21	↘	1	↗	5	↘	1

最大値 21、最小値 1

5 (1) 15 (2) $\dfrac{188}{3}$

微分・積分のまとめ②

1 (1) -1 (2) 9

2 (1) $y=-2x+8$ (2) $y=-x+4$

3 (1)

x	$\cdots$	6	$\cdots$
$f'(x)$	$-$	0	$+$
$f(x)$	$\searrow$	-13	$\nearrow$

極大値 ない
極小値 -13

(2)

x	$\cdots$	2	$\cdots$	4	$\cdots$
$f'(x)$	$+$	0	$-$	0	$+$
$f(x)$	$\nearrow$	20	$\searrow$	16	$\nearrow$

極大値 20、極小値 16

4 (1) $-\dfrac{1}{3}x^3-3x^2+9x+C$

(2) $\dfrac{4}{3}x^3-2x^2+x+C$

5 (1) $-\dfrac{2}{3}$ (2) $\dfrac{20}{3}$

6 (1) $f(x)=2ax+2$ (2) $a=3$

解き方

1 (2) $\dfrac{f(4)-f(-1)}{4-(-1)}$

$=\dfrac{2\cdot 4^2+3\cdot 4-\{2\cdot(-1)^2+3\cdot(-1)\}}{4-(-1)}$

$=9$

2 (2) 傾きが $\dfrac{8-5}{-4-(-1)}=-1$ なので、

$y=-\{x-(-1)\}+5$ より、$y=-x+4$

4 (2) $\displaystyle\int(2x-1)^2dx=\int(4x^2-4x+1)dx$

$=\dfrac{4}{3}x^3-2x^2+x+C$

5 (1) $\displaystyle\int_0^2(2x^2-3)dx=\left[\dfrac{2}{3}x^3-3x\right]_0^2$

$=\left(\dfrac{2}{3}\cdot 2^3-3\cdot 2\right)-(0-0)=-\dfrac{2}{3}$

(2) $\displaystyle\int_{-1}^1(x^2+4x+3)dx=2\int_0^1(x^2+3)dx$

$=2\left[\dfrac{1}{3}x^3+3x\right]_0^1=2\left(\dfrac{1}{3}\cdot 1^3+3\cdot 1\right)-(0+0)$

$=\dfrac{20}{3}$

6 (2) ①の両辺に $x=-1$ を代入すると、

左辺 $=\displaystyle\int_{-1}^{-1}f(t)dt=0$、

右辺 $=a\cdot(-1)^2+2\cdot(-1)-1$ となるから、$0=a-3$ より、$a=3$